U0049070

當責，從停止抱怨開始

克服被害者心態，才能交出成果、達成目標！

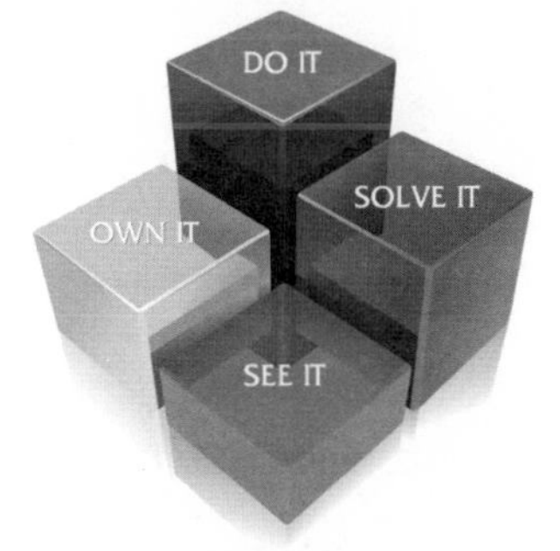

Getting Results Through Individual and Organizational Accountability

Roger Connors 羅傑・康納斯　Thomas Smith 湯瑪斯・史密斯　Craig Hickman 克雷格・希克曼｜合著

江麗美｜譯

經營管理 107

當責，從停止抱怨開始

克服被害者心態，才能交出成果、達成目標！

作　　者　羅傑．康納斯（Roger Connors）、湯瑪斯．史密斯（Thomas Smith）、克雷格．希克曼（Craig Hickman）
譯　　者　江麗美
企畫選書人　文及元
責任編輯　文及元
行銷業務　劉順眾、顏宏紋、李君宜

總 編 輯　林博華
發 行 人　凃玉雲
出　　版　經濟新潮社
104台北市中山區民生東路二段141號5樓
電話：(02) 2500-7696　傳真：(02) 2500-1955
經濟新潮社部落格：http://ecocite.pixnet.net
發　　行　英屬蓋曼群島商家庭傳媒股份有限公司城邦分公司
104台北市中山區民生東路二段141號11樓
客服服務專線：02-25007718；25007719
24小時傳真專線：02-25001990；25001991
服務時間：週一至週五上午09:30~12:00；下午13:30~17:00
劃撥帳號：19863813　戶名：書虫股份有限公司
讀者服務信箱：service@readingclub.com.tw
香港發行所　城邦（香港）出版集團有限公司
香港九龍九龍城土瓜灣道86號順聯工業大廈6樓A室
電話：852-25086231　傳真：852-25789337
E-mail: hkcite@biznetvigator.com
馬新發行所　城邦（馬新）出版集團 Cite (M) Sdn Bhd
41, Jalan Radin Anum, Bandar Baru Sri Petaling,
57000 Kuala Lumpur, Malaysia.
電話：603-90563833　傳真：603-90576622
E-mail: services@cite.my
印　　刷　漾格科技股份有限公司
初版一刷　2013年6月13日
初版四十刷　2023年12月22日

城邦讀書花園
www.cite.com.tw

ISBN：978-986-6031-34-2

售價：380元

〈出版緣起〉
我們在商業性、全球化的世界中生活

經濟新潮社編輯部

跨入二十一世紀，放眼這個世界，不能不感到這是「全球化」及「商業力量無遠弗屆」的時代。隨著資訊科技的進步、網路的普及，我們可以輕鬆地和認識或不認識的朋友交流；同時，企業巨人在我們日常生活中所扮演的角色，也是日益重要，甚至不可或缺。

在這樣的背景下，我們可以說，無論是企業或個人，都面臨了巨大的挑戰與無限的機會。

本著「以人為本位，在商業性、全球化的世界中生活」為宗旨，我們成立了「經濟新潮社」，以探索未來的經營管理、經濟趨勢、投資理財為目標，使讀者能更快掌握時代的脈動，抓住最新的趨勢，並在全球化的世界裏，過更人性的生活。

之所以選擇「**經營管理—經濟趨勢—投資理財**」為主要目標，其實包含了我們的關注：「經營管理」是企業體（或非營利組織）的成長與永續之道；「投資理財」是個人的安身之道；而「經濟趨勢」則是會影響這兩者的變數。綜合來看，可以涵蓋我們所關注的「個人生活」和「組織生活」這兩個面向。

這也可以說明我們命名為「經濟新潮」的緣由——因為經濟狀況變化萬千，最終還是群眾心理的反映，離不開「人」的因素；這也是我們「以人為本位」的初衷。

手機廣告裏有一句名言：「科技始終來自人性。」我們倒期待「商業始終來自人性」，並努力在往後的編輯與出版的過程中實踐。

目錄

推薦序

勇氣、熱情、智慧——

踏上承擔責任、堅持初衷、解決問題的當責之路

文／楊千

華人圈的父母對小孩子的期待，大部分在於希望他們聰明，希望小孩子把書念好，將來能夠光宗耀祖。

然而，大部分的父母並不那麼強調或盼望自己的小孩要有勇氣、要有熱情；甚至，還經常告誡孩子凡事遠離是非、明哲保身。所以，我們的社會經常處在缺乏勇氣與熱情的氛圍之中。

我們很難想像，當一個組織裡充滿著沒有勇氣、毫無熱情的人，怎麼可能會持續地交出好的績效？

反觀西方社會，鼓勵孩子要胸懷大志、懷抱理想，再以勇氣與熱情親身實踐。這些價值觀，其實可以在《綠野仙蹤》（*The Wizard of Oz*）的故事中看得到。

《綠野仙蹤》故事中的旅程，是以桃樂絲為領導者，一路上，桃樂絲遭遇並帶領著膽小獅、錫樵夫，以及稻草人到達目的地翡翠城。故事的中心思想透過循著黃磚路前往目的地的旅程，陳述他們如何得到自己原本缺乏的特質——膽小獅追尋勇氣、錫樵夫期盼充滿熱情（一顆心）、稻草人渴望擁有智慧（腦），以及桃樂絲整合資源進而著手完成。

這個故事主張人們應該要追求均衡的「勇氣、熱情、智

慧」。然而，為甚麼《綠野仙蹤》的故事，適合來談當責呢？

因為，要一個人能夠主動負起責任，他必須要有勇氣、熱情與智慧。

沒有勇氣的人，只會推卸責任；沒有熱情的人，凡事被動；沒有智慧的人，無法正確地解決問題。

我們盼望組織中每位成員，都能擁有這三項特質：

1. 有勇氣：主動承擔責任；

2. 有熱情：不忘理想堅持初衷；

3. 有智慧：足以看見問題的核心並正確地解決問題。

我曾帶過臺灣交通大學EMBA的同學到北京大學參訪，並由林毅夫教授介紹中國大陸的五年經濟規畫。在演講中，林教授曾說，一個組織中如果人人都講求責任，它的績效一定比一個組織中如果人人都在講權益要來的好。

我個人深信這個道理，我也期盼我們的社會中，大家都能自我要求，學習講求責任而不是權益。

做為一個主管也好，或是一個基層員工也好，我們自己閉上眼睛想像一下——究竟要在一個人人講求如何善盡自己責任的組織裡上班？還是要在一個人人講求個人權益的組織裡上班？

如果我們自己選擇了答案，我們就知道工作的方向與目標；我們就會知道「有所為，有所不為」，都是為了達到「人人講求如何善盡自己責任」的理想。

只要跟當責有關的書籍我都樂於推薦。康納斯、史密斯，及希克曼三人的一系列當責相關書籍我都有所推薦，本書更是目前唯一經過社會長期認證、值得重新改寫給二十一世紀的人們閱讀；個人便義不容辭要為它說上幾句好話，並且鼓勵大家務實的得到回報：

一、可讀性：

本書最早出版於一九九四年（繁中版書名為《勇於負責》），是原班三人組作者的著作中，被稱為「當責三部曲」的首部曲。由於內容深入談及個人當責，因此出版以來獲得企業的廣大回響。

二〇〇四年，本書完成新版（繁中版書名為《當責，從停止抱怨開始》），內容經過重新潤飾與更新個案，章節與中心思想並沒有改變，甚至連中文譯本的譯者（江麗美）也沒有改變。這一本新版只是在案例引用更豐盛、更符合目前世界潮流，至於中文譯文也有相當程度的改善，比初次的翻譯在用字遣詞上更為流暢易讀。

一本書若不能被企業界實際有效應用，或者若不能暢銷，出版商與作者都不可能耗時費力推出新版。本書透過長期企業見證，及作者多年與讀者互動或顧問工作使用上，都已達到正確性的驗證。

二、可操作性：

失敗的人都能找到藉口，成功的人都想盡方法解決問題；本書提供了實作法。

西方人的方法論是我們要學習的。本書不只是講道理，它在各章節都列了一些具體可以操作的檢核表。就像作者們的另一本書《從負責到當責》（*How Did That Happen?*）一樣，這本書不只是講概念原理，它還提供了可以一步步跟著操作的方法論。

我發現，在華人圈中有許多聰明人是眼高手低的，他們用光速把書看完也就以為理解了。但是，一旦放下書本，書還是書、人還是人，知與行並沒有合一。

經驗沒有替代性，我們想要能實踐一個好的理想，就必須一步一步跟著驗證過的步驟操作。

近年來，中文書名中有標點符號的也很潮的，我想，本書中文書名用《當責，從停止抱怨開始》是很能表現它的時代感——「當責」二字，說明了比負責更負責，必須交出成果才能算數，也進一步闡明責任無可推諉的本質；「從停止抱怨開始」七字，說明經常抱怨的人，很自然都將抱怨轉化為轉移自己失敗的事實，以做為卸責、避責的藉口。

當責，從停止抱怨開始；當責的第一步，就是要跳出受害者循環，不再卸責、避責，而是帶著勇氣、熱情與智慧，踏上承擔責任、堅持初衷、解決問題的當責之路，為自己的人生做主！

（本文作者為國立交通大學經營管理研究所榮譽退休教授）

推薦序

強化自我效能，脫離被害者循環

文／蔡志浩

很多人經常感嘆「人在江湖，身不由己」，覺得自己的挫折都是別人的錯。

這種現象如此常見，是因為歸咎別人是一種保護自尊的方式。每個人都有保護自尊的天性。然而，過度的防衛會讓我們失去對現實的準確理解，也阻礙了自己的成長。

人們推論事件原因時的自利（self-serving）傾向最能反映此種防衛心態。心理學家發現，人們在解釋自己的好表現時，會認為原因是自己的能力。當表現不如自己預期時，則會認為原因是環境因素。例如：大環境不理想、制度不公平、老闆不支持、同事不配合，諸如此類。

是的，很多時候個人的能力的確對好表現有貢獻，環境因素也的確在某種程度上限制了表現。但這些都是部分的原因。人的行為是個體與環境交互作用的產物，不應過於簡化的歸因（attribution）。

當個體忽略客觀證據，把這種過度簡化的歸因傾向推到極端，就會產生負面影響。心理學家發現，當人們的自我效能感（self-efficacy）較低，也就是說，覺得自己無法掌控情境時，他們會比較不願意主動改變自我與追求成長。到最後，甚至會感到「習得的無助」（learned helplessness）——覺得自己無法改變環境，而將自己封入絕望的憂鬱情緒中。

冰凍三尺非一日之寒——即使你還沒有意識到強烈的負面情緒，當你開始經常感嘆「人在江湖，身不由己」時，其實已經逐漸被捲入被害者循環（victim cycle）的漩渦之中了。如果沒有及早覺察，就會快速陷入困境。

你必須了解的事實是：身不由己通常是因為你不夠聰明，而不是江湖險惡。

你或許會想反駁：「為什麼不能歸咎他人？人的行為的確會受到他人影響啊！」

但是，你有沒有想過，社會影響是雙向的。他人可以影響你，你當然也可以對他人發揮影響力。前提是，你得意識到自己有這樣的能力，並且有動機去實踐。

前面所說「習得的無助」困境，就是《當責，從停止抱怨開始》一書中提到的水平線下（below the line）的被害者循環。每個人都應該學會辨識這種困住自己的處境，檢視內心關於自己與世界的假定，並積極尋求突破。而書中強調的當責步驟（steps to accountability），正是為了提升自我效能感：正視現實、承擔責任、解決問題、著手完成。

如果你想避免陷入被害者循環，或已深陷其中不知道如何脫困，這本書以一個又一個的案例詮釋當責步驟，為你提供了自救的線索。之所以說是「線索」而非「解法」，是因為沒有兩個人有完全一樣的處境。解鈴還須繫鈴人。唯有真正嘗試實踐書中的原則，才能在實踐中找到真正的解法。

希望你能藉由這本書的協助找回自己的力量，再度回到水平線上（above the line）。

（本文作者為認知心理學家，台灣使用者經驗設計協會理事，著有《人生從解決問題開始》一書。作者網站：http://taiwan.chtsai.org/）

前言

我們認為，大多數人都會同意，自從本書第一版《勇於負責》（*The Oz Principle*）於一九九四年出版之後，無論組織、團隊與個人，對於當責（accountability）的需求日益急切。

無論是什麼樣的公司，誰能否認當責是公司文化的核心要素？組織中心只要能夠當責，在水平線上運作，就可以讓美夢成真。公司裡充滿了能夠承擔責任的人，那麼奇妙的事物，就連完全超出預期的完美成果，也都可能發生。

我們非常感謝本書已經成為職場當責的經典著作，許多客戶和其他在組織內成功執行當責的人都一再提醒我們，當責可以產出成果；而且我們增添數以億計的股東價值、增加獲利、降低成本、生產力也隨之提高。除了財務上的績效表現更好，我們還見證組織士氣獲得提升，人們更喜歡自己的工作，學著更有能力面對日常阻礙，進而取得想要的成果。

本書對於讀者和客戶的個人生活造成的影響令我們深受感動，他們主動的讚譽顯示本書無論在我們的生活或工作，都展現神奇的魔力。較強的責任感不見得能夠治療全世界的疾病，卻提供一個堅實的基礎，讓你可以建立持久的解決方案。

全世界的企業都進入一個新的境界——縮編、裁員、授權、團隊合作、自由化、知識為主、網路建構、品質提升、持續改善、流程建置、轉型，以及組織再造。對某些公司來說，他們已經證實收穫豐碩。

然而，對許多其他的組織而言，目前有許多令人眼花撩亂的成功方程式，無論是理論或實務，都顯得愚不可及或令人難以招架，以致無法達成它們應許的成果。

我們認為，所有的潮流和趨勢計畫都沒能面對最根本的要素——成果是來自願意當責、積極取得成果的人。沒有當責力，計畫就不可能成功；有當責力，任何計畫達成的成果，都可能比預期的更好。

我們一再看到這種情形。無論你是最受推崇的企業，還是在失敗的邊緣掙扎，當人們更願意當責、為成果做主，績效必然有所改善。他們為什麼要這麼做？

我們相信，那是因為人們想要當責。當責讓他們有良好的感受。它讓他們有能力取得驚人的成果。這也就是為什麼全世界有許多人都在如此熱情支持本書。

唯有當組織內的人們克服被害者循環（victim cycle）的迷陣，看到個人走上當責步驟（Steps To Accountability），他們才能掌握自己的命運，以及企業的未來。

我們撰寫本書的目的，是要讓人們更能夠為自己的思想、感受、行動與結果當責，如此一來，他們才能夠讓自己的組織往更高的層次前進。當他們沿著這條向來困難且往往令人害怕的道路前進，我們希望他們就像《綠野仙蹤》（*The Wizard of Oz*）桃樂絲和她的同伴一樣，可以發現自己確實擁有追求大志的能力。

這趟新的奧茲國之旅，請與我們同行。

羅傑·康納斯

湯瑪斯·史密斯

克雷格·希克曼

第1部

奧茲法則

——藉由當責取得成效

採取當責步驟，跳出被害者循環的迷陣，個人和組織的成果就會大幅改善。在第一部裡，我們將說明，這種始終覺得自己受害的態度如何包圍著美國人，從四面八方控制著他們。我們也將解釋，為何組織中的個人必須避免陷入被害者循環的死路中，以能取得成果。最後，我們將揭示當責步驟，那是個人和組織實現願望的關鍵。

第1章 會見大法師

將「責任感」重新注入人心

「你是誰？」稻草人（Scarecrow）伸著懶腰，邊打呵欠問道：「你要去哪裡？」

「我是桃樂絲（Dorothy），」女孩回道：「我要去翡翠城（Emerald City），請魔法師奧茲（The Great Oz）送我回堪薩斯。」

「翡翠城在哪裡？」他再問道：「奧茲又是誰呢？」

「你難道不知道嗎？」她反問道，一臉的詫異。

「不知道，真的，我什麼都不知道，你看，我塞滿了稻草，所以我根本就沒有腦袋，」他傷心地說。

「哦，我真為你難過。」桃樂絲說。

「你想，」他問：「如果我和你去翡翠城，奧茲會給我頭腦嗎？」

「我不知道，」她回道：「不過如果你願意，就可以和我一道去，就算奧茲沒能給你頭腦，你也不會比現在更糟了。」

「說的也是。」稻草人說。

——《綠野仙蹤》

法蘭克・包姆（L. Frank Baum）

《綠野仙蹤》就和其他所有影響深遠的文學作品一樣，始終令讀者著迷，因為它的情節撥動了人們的心弦。

該書描述的是一趟覺醒之旅，而旅途開始之後，故事中的主人翁逐漸體會到，他們本身就擁有內在的力量，可以實現自己的夢想。但在抵達旅程終點之前，他們始終認為自己是環境的犧牲品，沿著黃磚路前進翡翠城，期待那無所不能的大法師能賜予他們智慧、心靈、勇氣和成功的方法。但這趟旅程本身便使他們產生了力量，即使如桃樂絲，只要輕叩鞋跟就可以在任何時候返回家中，卻也得要走一趟黃磚路之旅，才能完全明白，只有靠著一己之力方能達成自己的願望。

人們認為這趟旅程的意義，是從無知到有知、從恐懼到勇氣、從無能到力量強大、從被害到當責，因為每一個人都親自走過這條路。不幸的是，即使是最忠實的書迷，也常忽略故事中最簡明的教訓：不要停在黃磚道上、不要因為際遇不順遂就怨天尤人、不要只是等著大法師揮舞他們的魔杖、也不要期待你所有的問題都能消失無蹤。

在今日複雜的環境裡，人們不自覺地感覺到自己像個被害者，表現也是如此，這已經製造了一個實實在在的危機。

企業精神陷入危機

大多數企業都因為管理上的錯誤而失敗，但是相關的執行長和高階經理人之中，卻沒有多少人願意承認這個事實。有太多企業領導者不願扛起努力不足與成果失敗的責任，卻費心編出五花八門的藉口——從缺乏資源、員工懶散，到競爭對手的破壞等等。從橢圓形辦公室裡的總統到修車廠裡的企業家，都沒有人願意為自己的錯誤判斷和種種閃失負起責任。是的，不足和失敗天天發生。這是商場和人生中自然的一部分，也是人類經驗的一部分，但是如果嘗試逃避這些不足與失敗，就只會延長痛苦、延遲矯正、逃避學習。唯有為成果負起更多的責任，才能夠讓一個人、團隊或組織回到成功的道路上。

不幸的是，沒有人想要聽到悲慘的壞消息，尤其是華爾街。難怪民眾對經濟、股市和一般企業的信心都降至新低，尤其是對執行長們。在朗訊科技（Lucent Technologies）的股價跌了超過五分之四，執行長瑞奇・麥金（Rich McGinn）遭到撤換，因為他只聽、也只回應華爾街的評論，卻不理會自己公司的科學家和業務人員的建言。

朗訊的科學家曾經告訴他，公司在新的光學科技上正在市場上逐漸撤守；他的業務人員跟他說，現在業務是依靠大幅度的折扣在支撐。但是華爾街並不樂於聽到這種消息，麥金也知道。麥金擅長釋放穩定成長的新聞，證券分析師愛極了。結果，華爾街對麥金和他的團隊讚賞不已，那是經濟天堂裡塑造出來的一對天才。然而，不幸的是，那是在短暫天堂裡製造出來的一對愚人，結果終究證實了朗訊的科學家和業務人員是對的。競爭對手北方電訊（Nortel）引進改良的音效和資料傳輸技術，在市場上大有斬獲，因而逐漸占據朗訊的生存空間，朗訊遠遠落後了，折扣戰也終於摧毀了獲利底線。

最後，亨利・謝特（Henry Schacht）取代麥金，他上任之後，花了幾個月的時間提醒朗訊的股東和整個世界，股價是一個副產品，而不是成功的驅動者。當全球的經濟體系在面對成果與當責時，都似乎偏愛美言與藉口，這問題就會威脅到我們所有的人。

它威脅到全錄公司（Xerox），雖然它的的執行長安．馬爾卡希（Anne Mulcahy）終於面對現實，告訴華爾街的分析師，表示該公司的「經營模式無法持久」。她接受現實的時間來得太晚，因為全錄已經瀕臨破產邊緣。

多年來，全錄的管理高層面對該公司的不良績效時，都只是怪東怪西，從國際政治到經濟動盪到市場的劇變，卻從不面對該公司的經營模式有極大缺陷的問題。管理大師吉姆．柯林斯（Jim Collins）是暢銷書《從A到A+》（*Good to Great*）和《基業長青》（*Built to Last*）（編按：以上繁體中文版均由遠流出版）的作者，他認為偉大的公司和平庸的公司之間有個最大的區別，就是後者傾向於「為殘酷的事實尋找藉口，而非正面迎擊殘酷的事實。」如朗訊和全錄這類公司之所以淪為平庸，就是因為它們不願為壞消息的潛在原因當責。他們並不孤單，有數不清知名的公司都一樣，在遭遇問題時，無法面對壞消息而後想辦法處理，卻只是浪費時間為那不斷滋長的不良績效辯解。

安隆能源公司（Enron）、安達信會計師事務所（Arthur Andersen）、環球電訊（Global Crossing）、Kmart超市連鎖、家電製造商Sunbeam、泰科國際集團（Tyco）、世界通訊公司（WorldCom）、AT&T電信公司、寶麗來（Polaroid）和Quest軟體公司全都成了華爾街的奴隸，對壞消息聽而不聞，過度吹噓他們的策略、簡化公司文化、歌頌他們的上司，造成無數其他的錯誤而摧毀了公司價值。

華爾街傳遞了錯誤的訊息，當然同樣需要修正，但是任何公司都不能只是袖手旁觀，等著政府修復這個體制，或只是怪罪他人或環境使他們無法控制這些不良後果。當周遭事物一如往常地橫生波折，或是發生了嚴重的判斷錯誤，負責任的公司和它們的經理人會採取行動控制損失，想出新的方法取得成果。英特爾（Intel）目前的成就大多得自將近二十年前，一個關鍵的當責時刻。當時，日本企業逐步逼迫英特爾主要的事業領域——記憶體，並且使它淪入廉價商品的國度。當時有一段知名的對話至今仍引導著英特爾的公司文化，該公司創辦人之一的葛洛夫（Andy Grove）問營運長戈登．摩爾（Gordon Moore）：

「我們如果被炒魷魚，董事會換來一個新的執行長，你想他會怎麼做？」

他們回答這個問題的方式，是認清冷酷的事實、面對現實、採取行動。他們離開記憶體事業，開始進入微處理器領域。從此以後，他們盡一切努力將公司轉向，因而塑造了全新的未來。葛洛夫和摩爾決定面對一些嚴酷的現實，將他們的公司帶往全新的方向，因此讓他們的員工、股東和華爾街那些願意面對現實的人看見，當責就會讓你有收穫，而且會有豐碩的收穫，只要你能夠培養必須具備的勇氣、心情和智慧接受它。

今日組織中的大多數人在面對不良績效或令人不滿的成果時，都會立刻開始捏造藉口、想辦法合理化，辯解自己為什麼不應該負這個責任，或者至少無法為組織的問題完全當責。這種無法當責或被害者的文化會弱化企業精神，粉飾太平，表面功夫重於真材實料，面子重於問題的解決，以虛幻取代了現實。這種朝向被害情結前進的趨勢會更進一步弱化企業精神，誤導企業領導者急功近利，不肯解決長期問題，使過程重於結果。假如在組織中未經矯正，被害者情結可能會腐蝕了生產力、競爭力、士氣與彼此的信任到難以治療的地步，即使要矯治，成本也是異常昂貴，造成組織再也無法治癒自己或旗下所屬人員。

大法師幫得上忙嗎？

長久以來，全球企業領導者一直在尋求管理界的魔術師，希望能為他們提高生產力，降低成本、提高市占率，達到世界級的競爭力，縮短產品週期，持續改善，並帶來迅速開創新局的能力。在激越華麗的樂聲中，這些大法師將美國的最佳企業帶進高潮迭起的探險旅程，走上驚險刺激但停留在想像階段的奧茲帝國，他們在那裡所做的聲明只是要「令人相信」而非「使它成真」。當你拉開簾幕，發現難以改變的事實，於是你明白，就像《綠野仙蹤》的主人翁一樣，企業的成功，並非始於新興的潮流、架構、流程或計畫，而是因為組織內的人們，發自內心願意為自己尋求的成果完全當責。

是不是所有新的管理方案都有辦法讓組織大獲全勝，迫使它的競爭對手跪地求饒？少之又少。這類的解決方案都會在一、二年之後被棄如敝屣，以便迎接新一波的管理魔法，為組織帶來空前的改善、利潤與成長。經理人在一個個看似能夠達到組織效能的幻影之間游移，卻未能停駐夠久時間以發現真相。

事實上，當你剝去所有最新管理熱潮的偽裝、花招、伎倆、技術、方法和哲學後，你就會發現，他們都在迂迴曲折地，努力想要達成同一件事——為成效營造更佳當責。無論你的組織的形狀與質地如何，組織系統的規模與複雜程度怎樣，組織最新的策略何等完整深邃，除非人們能夠為了達成目標成果而當責，你的組織長期而言還是無法成功。除非經理人不再繞著組織萎靡不振的症狀打轉，放棄他們對每季的新方案和新哲學的熱衷，開始發掘並實施成功的基本要素，否則他們只會一再有如無頭蒼蠅一般地找不到頭緒。

依我們看，美國企業對較佳績效的追尋，終究不過是一場鏡花水月，因為他們未曾遵循奧茲法則（The Oz Principle）（編按：奧茲法則意指脫離被害者循環，採取當責步驟——正視現實、承擔責任、解決問題、著手完成，進而交出成果、達成目標）。就像《綠野仙蹤》的桃樂絲、錫樵夫、獅子和稻草人一樣，要想掙脫困境、進而獲取你想要的成果，你的力量與能力就在自己心裡。那也許是自我發現的一段長長的旅程，但是到頭來，你會發現自己始終擁有這些力量。在這本書裡，我們要超越現在流行的管理及領導熱潮，直指事業成功的核心。

在本書中，我們將例舉十幾年來我們在領導夥伴（Partners In Leadership）公司的經驗，那都是我們在數百個組織中運用本書呈現的概念與思想的成果。我們將描繪數千個個人與數百個團隊的故事及經驗，其中有新興公司，也有頗具規模的企業，並希望這些故事能在數十年後還能夠像《綠野仙蹤》一樣扣人心弦。

例如，你會碰到某位經理人向你訴說，過去數年來，公司的產品和行銷計畫已經逐漸失去競爭力，而他和他的同僚卻如何刻意忽略了這項事實，未曾大力改善，假裝情況會慢慢好轉。他用自己的話形容公司如何終於開始面對現實，為自己的生存作戰，這是通往績效的第一步，而他們過去對公司的良好績效根本視為理所當然。有許多體質良好，最受尊崇的公司都會一再向被害者的態度投降，而無法了解何謂取得佳績的最基本原則，也無法應用。

英明的傑克．威爾許（Jack Welch）在奇異（GE，General Electric）擔任了二十年的總裁，他是許多美國公司高階主管的智慧偶像，但是他曾經經歷失敗的次數是大多數人都不明白的，只是他就像所有真正能夠當責的人一樣，他擔起了克服任何挫敗的責任。

你也會聽到組織中層級較低的人們談起，當他們碰到非常真實、妨害佳績的障礙時，總是允許自己陷入被害者的態度裡，然而，其實他們自己就擁有力量掙脫並達到目標。例如，你會遇到某一個人，說他在公司裡不能更上一層樓，因為老闆沒給他所需的訓練；或是到一位財務分析主任，擔心自己從激烈的競爭中遭到淘汰，因為身為一個女人，她必須花較多時間在孩子身上；或是遇到一位非常苦惱的蛋糕師傅，因為她總是覺得老闆騷擾她，造成她出面控訴這家公司；或是遇到一位行銷經理，怪罪研發部門太晚推出新產品，導致他的部門損失了市場占有率，並使他個人的表現受到影響；或是遇到一位執行長，他認為公司有太多股東監視，導致像他這樣的公司完全沒有承擔風險的意願；或是遇到一位百貨公司的採購，每天發脾氣，因為她得面對著層層的官僚，讓她很難做好什麼事情。

然後，你也會碰到許多勇於負責的人，他們為了績效而努力讓自己和他人當責。比方說，美國愛依斯電力公司（AES Corporation），它是一家發電設備製造商，創辦人羅傑．桑特（Roger Sant）推行名為「打擊他們」的競賽，他利用徽章、海報和傳單，幫助員工不再抱怨那難以捉摸的「他們」，那些看來總是妨礙了成果的「他們」。

「他們」代表所有的指責與否認、忽視與假裝，以及在組織中逐漸普遍的等待習慣，這使得人們無法掌握自己的命運。這套做法成功了，愛依斯電力公司的生產力從此開始提升，這是很困難的工作。即使在這個高績效團隊的時代，在一些超大公司如奇異、樂柏美（Rubbermaid）和微軟（Microsoft）的人，偶而也會指責別人，怪自己的團隊拖延時間，妨礙事業發展，使得「真正的」工作很難完成。

如果你忽略了讓人們和組織表現突出的基本原則，即使最近、最新的管理概念與技巧都幫不上你的忙。這本書以幽默、諷刺的手法，以及打到家門口的戰爭故事，來給你當頭棒喝。同時這本書也探索了美國生產力發生災變的根本原因，提供洞見，使我們了解企業精神何以營養不良，並且展示一套由下而上重建企業的可行計畫。除了案例研究之外，你還會看到寶貴的圖表（像是第三章【圖表3.1】二十個經過嘗試與測試的藉口）、自評、好用的祕技、一對一的回應練習，這些都是設計來讓你遠離被害者思維的道路，並且走向完全當責的坦途。然而，首先你要分辨受害與當責之間的基本差別。

被害者心態的破壞力

「被害教派」帶給全球社會最大的破壞力在於，它微妙的教義中顯示，人們因為「環境」的限制，而無法成為心目中理想的自己。更重要的，這種被害者的態度阻礙了人的成長與發展。查爾斯・塞克斯（Charles Sykes）有本書談到美國的社會，書名為《受害者國度》（暫譯，原書名*A Nation of Victims*），他寫道：

> 當一個社會執意強調自我表現重於自我控制時，它就會得到相對的報應。青少年義憤填膺地堅持道：「這太不公平了！」而他所指的，卻和任何道德家所承認的公平正義無關。他意念模糊卻堅持相信，這個世界和他的家庭除了滿足他直接的需求及慾望外，並沒有正當的功能。在一個只關心自己以及追求立即滿足的文化裡，這種自私的想法很快成為一個社會持續不退的主題。受害者態度如此風行，難怪無論膚色人種、性別男女、身心是否有障礙，受害者的表現型態，永遠像個悲傷哭泣的受挫少年。當我提到美國的「青年文化」，我指的不僅是對青年人的崇拜而已，我指的是拒絕長大的文化。

在成敗之間，在表現優異的企業與平凡普通的公司之間，往往都只有一線之隔。線的下方，存在著製造藉口、怪罪他人、茫然困惑，以及無助的態度。至於線的上方，則有一種真實感，真正的做主與投入，存在著解決問題的方案與堅定的行動。當失敗者在水平線下苦惱，準備以故事解釋過去的努力為什麼白費時，贏家卻穩居水平線上，由於投入而努力地工作而力量倍增。【圖 1.1】能幫助你看見水平線下的受害者情結，以及水平線上的當責態度之間有何不同。

當人和組織在面對個人或集體製造的惡果時，往往會有意識或無意識地逃避責任，這時候，他們就會發現自己的思想行為是在水平線下。當他們陷入我們所謂的「被害者循環」（victim cycle）裡，便會開始失去幹勁、欠缺意願，直到終於感覺自己完全無力為止。唯有當他們努力爬到水平線上，實行當責步驟，才能使他們重振雄風。

當個人、團隊、或整個組織，還停留在水平線下，對於現實狀況毫無知覺，事情就會愈來愈糟，而不會好轉，也沒有人知道為什麼。這種慢性病患會拒絕面對現實，且往往會開始忽略或假裝不知道自己該負的責任，或是拒絕負起責任，為自己的困境怪罪他人，將茫然無知當成怠惰的理由，要求別人告訴他們該做什麼，還會宣稱自己做不到，或枯等局勢神奇地圓滿收場。

個人與企業當責的要素應該要細細地編織到組織生活中的企業精神、流程及文化裡。在安隆、安達信會計師事務所、世界通訊公司、任何的大公司和任何地方都會有水平線下的行為存在，你會看到被害者——以及被害者的被害者。在職場上，淪落水平線下的過程通常始於環境的創造，在這個環境裡，沒有人認清事實，也沒有人能夠仗義直言。瑞姆．夏藍（Ram Charan）和傑瑞．烏西姆（Jerry Useem）在他們的文章〈公司為何失敗？〉（*Why Companies Fail*）裡，描述一家公司的衰亡：

【圖表1.1】奧茲法則：水平線上的當責步驟

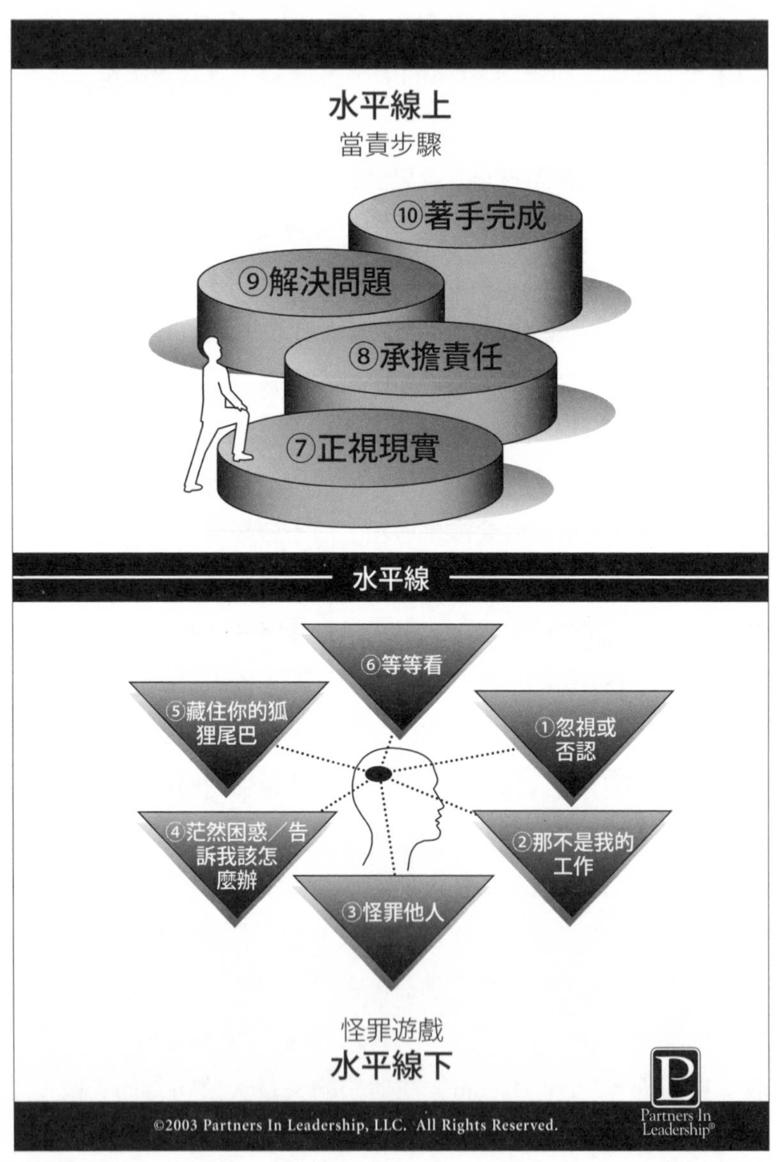

向下沉淪的過程一開始就是一位分析家所說的「集體沉淪而造成不良的判斷」（群體盲思）。一個「成功導向」的文化，令人腦筋麻木的複雜程度，以及不切實際的績效目標全混雜在一起，直到違反標準的行為反而成為標準程序。外表看來全無異狀，直到轟然巨響、一切結束。聽起來很像安隆，但是這段描述事實上指的是1986年，也就是美國太空總署（NASA）的挑戰者號（Challenger）爆炸的那一年。我們無意將這二件事相提並論——畢竟其中之一牽涉到七條太空人的性命——而是要討論失敗的一個重點：即使最戲劇化的改變都還是多年累積的結果。在太空總署，工程師注意到之前的太空梭飛行時，重要的O型環（O-rings）都有些損壞，但還是不斷說服自己，說這個損壞沒有問題。

夏藍和烏西姆繼續說道：「公司失敗的道路，就像海明威在《旭日東升》（*The Sun Also Rises*）一書中，談到破產時寫道：『慢慢地，然後突然間』。」不負責任的問題可能悄悄溜進任何組織。首先，它可能不聲不響地用一個合理的藉口出現；然後也許升高成比較具有攻擊性的怪罪式指控；最後，終於，它就變成了我們這裡的一貫行為模式。這種無為必須付出的代價，必須等到你看見了它的相對面：「當責者取得成果」之後，才會變得更為明顯。這時候，你就可以根據獲利和市占率的擴張，實實在在地計算當責的價值。

這種活在被害者循環中的水平線下的例子不勝枚舉，思科系統（Cisco Systems, Inc.）就是其中之一。思科絕對不是正在步向失敗的公司，但它的市值已經減少將近90%。連續一年的成長之後，公司的管理階層開始變得消極退縮、粗心大意；成功往往為人們帶來這樣的後遺症。客戶破產、需求減少、庫存增加，這一切都不足以讓執行長約翰．錢伯斯（John Chambers）和他的經營團隊改變他們一片大好的假定和預測。他們有關成長的假定如果失敗了該怎麼辦？該公司從來不曾煩惱這個問題。當成長趨緩的徵兆開始出現，思科的經理人依舊停留在水平線下，對問題視而不見，或是直接否認。

該公司被迫面對現實之後，終於必須降低資產的正面價值，認列二十五億美元的多餘庫存所造成的損失，並且裁員八千五百人。思科的股價在一夕之間暴跌90%。該公司目前已經成為業界的經典案例，顯示當成長開始顯得步履蹣跚，可能產生什麼樣的後果。有時候，走到水平線上就意味著預測最糟的後果，並事前為此做好準備。

想提升到水平線上、脫離被害者循環，你就必須走上當責步驟，採取正視現實（See It）、承擔責任（Own It）、解決問題（Solve It）、著手完成（Do It）的態度。

當責步驟的第一步正視現實，是指認識及承認現實的情況。你會看到，這一步十分困難，因為大多數人很難誠實地自我評價，並承認自己可以為績效付出更多。第二步承擔責任，是指為你和他人所創造出來的經驗和事實負責。這一步，讓你踏上行動之路。第三步解決問題，是發現或實現未曾想過的解決方法來改變現狀，當障礙出現時，避免落入水平線下的陷阱。第四步著手完成，是指做出承諾，鼓起勇氣，去完成你所認定的解決方式，即使這些解決方式非常危險。幸運的是，這四個步驟都相當有道理——也只是常識。我們相信，這些常識終將成為使人們踏入水平線上的主要力量。

當責的轉化力量

無論我們多麼希望有不同的想法，無論我們多想擺脫這種念頭，我們都還是知道，取得績效、交出成果是大家一致的目標。我們都知道自己有職責在身，我們需要了解這些責任，並有預期水準的表現。有些日子會不大好過，也有低潮或生病的時候，直覺依然告訴我們，這個世界大部分的工作，其實都是那些情況不大好的人完成的。

更深一層地說，當我們犯錯或「漏接」時，我們知道那不是別人的錯。而且我們痛苦地知道，只有自己能夠決定生命的旅程，以及希望得到多少快樂。我們在工作上花了數年時間研究思考，努力設法改進個人與組織達成績效的方法。

自從本書的第一個版本《勇於負責》出版，我們見證無數的組織因為應用奧茲法則，脫離水平線下的被害者循環，創造了更佳當責，因此而產生像是200%的穩定利潤成長，處理客戶的時間減少了50%，股票的市值增加了900%，品管的客訴案件減少了80%。

多年來，我們研究了管理思潮的重要發展，從品管科技到領導藝術，而且對近年來的發展做了更詳細的研究。我們固然從每一個新趨勢中，都學到一些東西，並且加入了少許自己的曲解，不過我們歸結出企業成功的一個簡單原則——你可以裹足不前，或是達成目標——就這麼簡單。

負起責任達成目標，就在於持續改善、革新、滿足消費者、培育人才，以及企業治理機制等這些商管界流行名詞的核心。

有趣的是，這些計畫的本質，都只是要使人超越自己所處的環境，不計代價（當然，在倫理的束縛之下）也要達成他們想要的目標。這種創造個人當責的工作，在十年前是經理人或領導者在組織中所面臨的重要挑戰，到了今天則成為首要任務。但是，雖然有許多個人和組織都承認，我們需要緊急而普遍地建立這樣的責任感，卻很少有人知道如何去得到它，並使它歷久不衰，具體的實證就是，每天都有人提出大量充滿創意的藉口，費心解釋為何情況惡化到如此不堪的地步。

不幸地，即使是紀錄最完善，法律上最無懈可擊或是在邏輯上最難以辯駁的藉口，都無法讓人們可以「脫手」，而不去理會難看的成果，這些推諉責任的人坐視問題的發生，卻不願面對問題、解決問題，而養成一種一味逃避的習慣。

我們都曾經只想要給自己「下台階」，為自己找藉口——「時間不夠」「資源有限」「時程太緊迫」「這不屬於我的工作範圍」「這是老闆的錯」「我不知道」「競爭讓我們應付不來」「景氣太差、經濟衰退」「明天就會變好」。

不管怎麼說，我們將失敗合理化的方法，全集中在「為什麼無法完成？」，而非「我還可以做些什麼？」

事實上，有時我們覺得整個世界虧欠自己、每天像個被害者，害我們的人包括：精於算計的老闆、不擇手段的競爭者、姑息養奸的同事、不景氣的世道，以及各式各樣的騙子、謊言與壞人。沒有掌控能力的人，確實會有麻煩找上門來。有時候，有些人的確很倒楣，因為他並未促成這一切，也不應該負什麼責任。

然而，即使在最糟的時候，假如人們只是聽其自然，讓自己產生無力感，為自己的痛苦責怪別人，還是不能讓事情出現轉機。除非你能控制情勢，為未來的成果當責，否則無論情況如何，都不會有改善的可能。你必須站上區分成敗的分水嶺，走到水平線上。

所幸自從我們提出奧茲法則之後，在這十年之間，我們持續看到許多執行長和高階經理人在面對當責問題時，態度有了大幅的進步。根據經濟研究聯合會（Conference Board）和《商務2.0》（*Business 2.0*）雜誌所做的調查顯示，當今的執行長最憂心的是如何網羅人才、培養人才，方能不斷創造成果、持續改善。

要在今日競爭激烈的商業環境裡獲致成功，大多數執行長都認為，首要任務是要吸引人才並留住他們，讓人們能夠為成果做主。為什麼？因為執行長們憂心的其他主題——股票的市值、競爭的威脅和新產品的革新——全都必須依靠有才能的人，才能夠加速交出成果。他們就是企業的領導者，有能力增加市值，達成獲利數字，打敗競爭對手，持續革新，同時安穩地教育並引導他們的人去承擔責任，取得成果。這也是我們更新奧茲法則的原因——每一個地方的管理階層、經理人、企業領導者與自我改善的員工都需要找到方法，為取得成果創造更佳當責。

此外，無論全球或本地的企業規模、複雜度和適應性都在不斷增加，因而使得為成果當責不僅成為領導者的頭號議題，也是組織最迫切的議題。

一九六七年，彼得．杜拉克（Peter Drucker）在《杜拉克談高效能的五個習慣》（*The Effective Executive*）（編按：繁體中文版由遠流出版）一書中，提出一個問題，只要人們不斷提出這個問題，就可以協助引導任何地方的領導者和員工為他們的組織帶來成功：

我能做出什麼貢獻，才能夠對於我所服務的組織有所助益，提升績效與成果？

四十多年之後，終於，大多數執行長和企業領導者都已經認清創造組織文化的需求，而這個文化就是要創造出強烈的個人責任感，讓他們不斷自問並實踐杜拉克的問題。

吉姆．柯林斯在暢銷書《從A到A+》（*Good to Great*）中，如此形容卓越的工作環境：

「當你將有紀律的文化和企業倫理結合，就可以得到獲取成果的神奇煉金術。」

我們同意，全心全意地同意，但我們會說，有紀律的文化和企業倫理本身就是一種成果，來自於員工與團隊都能夠隨時自問這個奧茲法則提出的問題：

我還能做些什麼，才能夠在水平線上運作，以取得成果？

人們這麼做的時候，他們就學會了一個祕密，讓他們能夠用更快而且用成本更低的方法取得較佳成果。比起十年前，這點在今日的企業環境裡更是重要。因為績效與期待的門檻逐步升高，要清除這個門檻所需花費的功夫自然也是如此。

這句話值得再說一次——這種負責任的態度，是改善品質、滿足客戶、授權、建立團隊、增強效率、達成目標等努力項目的核心。

看起來簡單嗎？答案既肯定又否定。它是個簡單的訊息，卻需要投入大量的時間和勇氣，才能使得責任感成為組織中不可或缺的一部分。不管你所處的是自己初創的小型企業，還是《財星》五百大（*Fortune* 500）的管理階層，假如你採取的是逃避的態度，就無法開創更美好的未來。除非你開始花時間，找到讓自己爬到水平線上的勇氣。

啟航

這本書的第一部探索的是奧茲法則，揭露許多美國商人和世上許多組織的焦慮和無助感，就像《綠野仙蹤》的桃樂絲、稻草人、獅子和錫樵夫走上黃磚道，出發前往奧茲國時的感覺一樣。

在前面幾章，我們點出人們如何利用被害者的態度來辯護自己的怠惰，為自己的缺乏效率找藉口，或將不良表現阻絕進展的情形合理化。

在後面幾章，我們則闡釋那些負起責任、讓情況好轉的人們，如何擺脫受害者的態度克服障礙，不畏失敗地攀向新高。在旅程終點，你不僅將會學到更能夠為成果負責，同時也會了解如何創造出一種組織文化，以便培養與貫注企業精神與文化需要重建的責任感。

了解當今企業精神的危機有多麼嚴重，將有助你走上真正達成目標之路，並讓你分辨受害者與當責態度之間，那條精微而往往不明顯的界線。當你能夠分別水平線下的態度與行為，和水平線上的表現有何不同時，你會發現自己更有能力為自身和組織開啟更多當責的轉化力量，而這也是第二部和第三部的主題。

本書廣泛的例子將詳細道出人們和組織能夠如何以當責來武裝自己，以便克服種種障礙、藉口和偏見，不讓它們妨礙自己達成目標。我們援引了許多來自個人和團體的經驗，這些例子有時顯得令人驚訝，卻總是可以令人眼界一開，我們想要彰顯人和組織可以克服受害者的態度，讓自己步入水平線上，以求得最佳的表現。

我們的目標，是要超越傳統關於品質、生產力、客戶服務、授權、和團隊表現的文獻，直接切入一些核心要素，讓人們能夠全力達成目標，這才是今日組織的迫切所需。當我們把焦點放在低劣的品質，低生產率，客戶不滿，缺乏效率，浪費才華，團隊無能，或是普遍缺乏責任感這些問題的基本原因上時，我們希望你能繼續前進，不再解釋自己為何未曾或不能做得更好，而開始想想自己能夠有何作為，讓自己的未來更加光明燦爛。

第2章 黃磚道

脫離被害者循環

第二天早晨，是個陰天，但他們依然啟程，猶如確知自己前進的方向。「如果我們走得夠遠，」桃樂絲說，「相信總能到個什麼地方。」

但日子一天天過去，他們除了深紅色的農田，什麼也沒看見。

稻草人開始嘀咕起來：「一定是迷路了。我們非得趕快找到往翡翠城（Emerald City）的路，否則我就找不到我的腦袋了。」

「我也會找不到我的心，」錫樵夫（Tin Woodsman）說：「我真是等不及要到奧茲國，你得承認這真是一趟漫長的旅程。」

「你知道嗎？」膽小獅（Cowardly Lion）啜泣著說：「我沒有勇氣漫無目的一路走下去。」

然後，桃樂絲也亂了分寸。她坐在草地上，望著同伴，而同伴也坐下來瞧著她。桃樂絲的愛犬托托（Toto）發現，有生以來，他第一次累到懶得去追逐飛過頭頂的蝴蝶，他吐著舌頭、大口喘著氣，望著桃樂絲，好像在問：「我們該怎麼辦？」

——《綠野仙蹤》
法蘭克·包姆

我們的社會已經嚴重感染被害者情結，從無足輕重的動作到傷害生命的自虐行為，每天影響著每一個人。事實上，讓別人受苦，已經成為現代生活中最大的兩難困境，被害者的態度讓這些受苦的人有了避難之處，卻也讓他們變得全然無力。

為什麼我們所有的人，就連最賢能的人都會輕易地不時落到水平線下？當然，製造藉口遠比扛起責任要容易得多。想想所有因藉口而出現的笑話，用來解釋為什麼上班遲到、錯過截止期限、忘了約會時間、遺失文件、錯失機會，或只是單純的失敗。

以下是從南加州地方報《企業報》（*Press Enterprise*）蒐集的一連串真實的藉口，用來跟國稅局解釋為何錯過報稅截止日：

「我不知道今天是截止期限。」

「我不知道現在已經四月了。」

「我的文件丟了。」

「我恨透了數字。如果我連支票簿的收支都不能平衡，為什麼有人會覺得我可以正確報稅呢？」

「這太複雜了。」

「我太累了。」

「我沒有時間去讀那些表格跟說明。」

「我怕欠錢。」

「我不想知道自己賺多少錢，因為我不知道錢花到哪裡了。」

「我很怕去找稅務顧問，因為我怕會比去看牙醫還慘。」

「我把我先生跟我的稅單搞混了，你能不能重新寄給我？」

「我把報稅的表格拿出來的時候，有一隻黑寡婦蜘蛛咬了我一口，從此我就一直生病到現在，所以沒辦法報稅。我不是在責怪你們把蜘蛛一起寄給我，但是我們得面對現實——我可沒有把那玩意兒放在那裡。可以給我多一點時間報稅嗎？」

「我才剛離婚，我很幸運還能活下去；但是，我的扣繳憑單可沒那麼幸運了。」

這些藉口儘管稀奇古怪，卻是千真萬確的，看見它們簡直讓我們哭笑不得，因為我們都一樣會找類似這些愚蠢又強辯的藉口，只想要脫離責任的糾纏。諷刺的是，在我們的藉口裡，通常都會有個重心，令人難以發現我們失敗的真正原因。但是每當我們使用藉口來讓自己停留在水平線下，就是在放棄自我提升的機會，讓自己無法超越環境與限制，不管到頭來擔負責任的人是誰。

就連最受推崇的公司都會受陷於被害者循環，例如奇異公司就在幾年前發現了這件事。

《財星》雜誌（*Fortune*）調查美國最受尊崇的企業時，始終把奇異公司列名前十大，許多企業界人士都認為該公司是企業持續轉型的縮影。在一百多年前的一九〇〇年一月一日，《華爾街日報》（*Wall Street Journal*）認為奇異公司是美國的前十二名企業。然而，奇異公司和完美還有一段距離。

【案例】企業模範生也會掉入水平線下的被害者循環

幾年前，奇異（GE）感到壓力，想要增加電器部門的市占率和利潤。為了運作順利，奇異聘請顧問艾拉．馬格辛納（Ira Magaziner）分析奇異的冰箱業務。馬格辛納建議奇異可以從海外買一個冰箱的壓縮機，或是思考如何在美國國內做出品質較佳的壓縮機。奇異決定採用第二項建議，他們指定首席設計工程師約翰．杜拉斯卡特（John Truscott）組成一個團隊設計一具新的旋轉式壓縮機。

杜拉斯卡特和另一位工程師湯姆．布蘭特（Tom Blunt）以及部門經理羅傑．希普克（Roger Schipke）將結果呈給時任奇異執行長的威爾許之後，威爾許授權興建一座耗資一億二千萬美元的廠房生產這個新的壓縮機。董事會全面核准這項決策。

過了幾個月，在投產之前，二十名高階主管聯合審查新壓縮機的測試資料。他們沒有發現任何錯誤，因此決定量產。新的田納西廠開始全面投產，每六秒鐘就會有一具新的旋轉式壓縮機製造出來（相較之下，舊的壓縮機需要六十五分鐘才能完成。）

一年之後，第一個壓縮機的失敗發生在費城，不久之後，又有數千個失敗的例子。終於，工程師發現了問題──在製造壓縮機時，他們用的是粉狀金屬，而不是固態的鋼鐵或鑄鐵。諷刺的是，奇異在十年前就曾經在空調系統中，嘗試使用粉狀金屬零件，而且發現這個材料行不通。這時候，希普克就決定不再製造這個新的壓縮機，而寧可使用外國的機型，造成奇異為了解決這次的慘敗，而認列四億五千萬美元的稅前支出。

以上的狀況讓我們親眼看見奇異公司如何一步步走進被害者循環，經理人忽視旋轉式壓縮機早期的問題，日本公司已經經歷過旋轉式壓縮機所產生的嚴重問題，而奇異公司卻沒有人記起這件事。再度重蹈粉狀金屬零件的覆轍。

旋轉式壓縮機也許發生問題的所有前兆均遭否決，即使早先報告顯示機器過熱、軸承表面磨破、潤滑油漏油，生產線上上下下的人們，卻依然視而不見。

當壓縮機的缺失成為殘酷的事實，大家交相指責。資深經理人、部門經理、設計工程師、顧問和製造者，都在怪罪別人。工程師們一開始曾經認為新的壓縮機缺乏足夠的現場測試，卻因為要聽命行事要按照時程進行計畫，寧可將自己的擔憂擱置一旁。但是，當更多人加入憂心的行列時，人們卻似乎在想著「我們不能告訴傑克（威爾許）這個壞消息」和「我們不能讓進度落後」。

最後，電器部門的每一個人都這麼決定，最好的應變之道，就是等著看看事情是不是會自己變好。許多人想著也許情況不會那麼糟，畢竟，這是奇異公司，全世界最頂尖的公司。

即使連全球表現最傑出的企業，都會偶而看到自己落入水平線下，這時候他們就會發現，不是不報，只是時候未到。在奇異的案例中，落入水平線下的直接代價是四億五千萬美元，外加失去八年的機會。

在這一章裡，我們要讓你更了解被害者態度所帶來的危險，特別是當它們涉及商業與管理時。因為經驗告訴我們，除非你完全了解人們如何以及為何落入水平線下，否則很難走上當責步驟。

被害感與責任感之間的分界

想像責任感和被害感之間的一條線，這條線分隔了二種行為方式的你，其中一種能夠不受環境限制達到成果，另一種則會陷入讓你進退不得的被害者循環裡。個人或組織都無法停駐在這條線上，因為各項事件本身就會殘酷地將他們推到水平線下。當人們和組織在許多情況中能夠展現出當責力，而卻在其他處境下做出被害者的行為，那麼就會有些議題和情境會影響到他們，讓他們決定採取水平線上或水平線下的觀點來思考或行動。

但是要在責任感和被害感之間畫出一條線並不容易，尤其是我們身處在複雜的社會。最近有人提起訴訟，將兒童肥胖的問題怪罪到麥當勞（McDonald's）、漢堡王（Burger King）、肯德基（KFC）和溫蒂漢堡（Wendy's），大多數人都認為這是莫名其妙的事，因為每一個人，無論是為了自己或是孩子，都必須為自己的飲食習慣負責，不是嗎？

接下來，讓我們來看一看凱撒．巴伯（Caesar Barber）的案例。

【案例】揪出造成肥胖的罪魁禍首

凱撒．巴伯是來自布朗克斯區（Bronx）的維修工人，他控告四大速食業者，說他們的行銷手法涉嫌欺騙、造成肥胖。巴伯五十六歲，身高約一百七十七公分、體重約一百二十三公斤。他曾經二度心臟病發作，還罹患糖尿病。他的律師山繆．賀斯可（Samuel Hirsch）認為巴伯和數百萬跟他一樣的人都應該獲得賠償。為什麼？因為他們向來吃的都是極油、過鹹、太甜和高膽固醇的食物，卻沒有人給他們足夠的警告。

以巴伯的案例來說，他承認他吃了三十年的速食，因為他不懂得烹飪。他表示，他從來不知道速食有害身體健康，直到他心臟病發作二次之後，醫生才跟他說，必須停止吃速食。巴伯在一次NBC新聞網站（MSNBC）的訪談中說：

「那是百分之百的牛肉，我覺得很好吃。我從來不知道飽和脂肪、鹽和糖之類的問題。」

這究竟是消費者的忽視、無知、純潔或天真？由你來決定，就像我們全都必須做這些決定，每天好幾次，我們都必須決定責任感和被害感之間的界線究竟要畫在哪裡。

即使對責任感做出最強烈的承諾，也不能防止你永遠不會墮入水平線下。這種完美境界對人類來說是不可能的。每個人，即使是成就最卓越的人，偶而也會陷入被害者循環中，但是真正有責任感的人並不會在裡面停留太久。

習慣在水平線下運作的人或組織不管是有意還是不自覺，都會想要逃避責任，在被害者循環裡受折磨，他們開始失去精神和意志，而終至感到完全無力，就像《綠野仙蹤》的桃樂絲和她的朋友一樣。

如果他們選擇繼續感到遭到迫害，就會進入預期中的種種階段，陷入永不止息的循環裡，而消磨掉個人和組織的生產力。他們會假裝沒有責任感的存在，或不知道有自己所謂的責任感，宣稱那不是他們的事，推卸自己的責任，因為困境而責怪別人，裝做無辜茫然無知的樣子，好為自己的無所作為找藉口脫身。或是嚷著自己辦不到，要求別人告訴自己該怎麼做，最後等著看看想像中的大法師是否能夠帶來自己殷殷企盼的奇蹟。

如何辨識自己何時落在水平線下？

你一旦陷入被害者循環，便無法脫身而出，除非你承認自己正處於水平線下，而且已經付出代價。你在承認之後，才會正視它，也才能給你站到水平線上所需的視野。通常，你不容易克服被害者循環中的慣性，你需要一個客觀的人給你意見，例如朋友、配偶或是奇異公司的案例中，費城那個壓縮機壞了的顧客。無論如何，留意如下的警訊，便能夠大大提升你辨別自己是否陷入被害者循環的能力。

【當責祕技】落入水平線下被害者循環的十八個警訊

- 你感到自己為際遇所困。
- 你覺得無法控制現況。
- 當別人直接或間接告訴你，你可以更努力完成更出色的結果時，卻是一場忠言逆耳。
- 你發覺自己在怪罪他人。
- 你討論問題時，愈來愈集中在自己做不到的事，而非自己能做的事。
- 你無法面對最艱難的議題。
- 你發現自己成為某些人取暖的對象，這些人告訴你，別人這回又如何對他不仁不義。

- 你發現自己不願提出深入的問題，以了解自己是否有能力當責。
- 你認為自己遭受不公平的待遇，而且感到無能為力。
- 你不斷發現自己採取防禦的姿態。
- 你花許多時間談論自己無法改變的事（例如：老闆、股東、景氣或政府法規）。
- 你覺得自己茫然失措，也拿它來做為沒能採取行動的藉口。
- 凡是要求你交代自己職責的人、會議或處境，你都千方百計想辦法迴避。
- 你發現自己說：

「那不是我的工作。」

「我無能為力。」

「該有人告訴他。」

「我們只能等著瞧。」

「告訴我該怎麼做。」

「如果是我，我會做的不一樣」

- 你經常浪費時間精力批評老闆或同事。
- 你發現自己浪費了寶貴的時間，只為編織一個牽強的故事，以證明自己沒有錯。
- 你不斷重複訴說著老掉牙的故事，說整個世界對不起你，又說別人如何占你便宜。
- 你對世界感到悲觀。

如果你在自己、團隊或組織身上發現這些徵兆，必須立刻採取行動，幫助自己或他人認清這些藉口，因為它們是當責和成果的阻礙。當你們有了這種體認，就可以了解被害者循環的微妙，以及其中細微的差別，就像《綠野仙蹤》裡桃樂絲和她的同伴們，終於能夠達成目標。

被害者循環的六個階段

被害者循環可能很複雜，讓人摸不著頭緒，我們在這裡列出多數人和組織常見的六項。你可以試著思索如下說明，邊問問自己，你是否看到自己或組織出現了這樣的行為方式。

1.忽視或否認

落入被害循環的典型起點通常是忽視或否認，人們假裝不知道發生了問題，對影響到他們的問題渾然不知，或選擇完全否認問題的存在。

舉例來說，過去數十年來，美國有不少公司和產業都曾經陷入被害者循環的這個階段，聰明、可敬的競爭對手將美國產業當成獵物，利用這個「舉國否認」的機會，乘機而起，這點我們大家都可以當見證。

首先，是鋼鐵業拒絕承認他們需要改變，遲遲不下功夫，造成無法增加競爭力；結果便是臣服於國外競爭者的先進科技，而失去市場上的優勢。然後，美國汽車製造商也因為對市場趨勢視而不見，寧可假裝不了解顧客想要高品質與省油的車型，最後付出慘重的代價。底特律的車廠不願承認客戶的喜好已經改變，他們依然相信，「凡我們製造，必為顧客需要。」相反地，日本的汽車製造商，卻在水平線上運作，設計出更適合全世界顧客的車輛。

有些事情總有一天會變得顯而易見，而卻有許多人依然拒絕承認，繼續假裝一無所知，有多少企業會因此而嘗到惡果？被害者循環的這個階段很可能會要你付出的沉痛代價。公司與個人如果不願意或沒有能力看清楚周遭發生的事，就得要等到他們開始付出代價，而且傷害已經造成之後，才會發現自己的問題有多大，只是通常為時已晚。

美國是所謂的超級強國，是世界的領導者，所以你會以為它在過去的三十年間，已經在水平線下學夠了教訓。然而，人們還是持續看到種種挑戰。美國教育部曾經進行過一項美國成人識字程度（Adult Literacy in America）研究，其結果迫使全國不得不面對一項兩難的窘境。這項為期四年的研究結果顯示，將近一半以上的美國成人，在面對現代生活時，缺乏應有的讀寫能力。《時代》雜誌（*Time*）曾報導：

> 十六歲以上的美國人之中，約有九千萬人——也就是大約占了這個年紀的人口的一半——沒有能力在職場工作。是什麼樣的人沒有工作能力？是那些會在刷信用卡時簽名，但是當他們認為帳單出了錯，卻連一封信也寫不好的人；是那些在超級市場付對了零錢，但在計算一般價錢和特價的差別時卻有困難的人；是那些看過報紙上的新聞，卻無法說明其內容的人。

美國企業為這些缺乏讀寫能力的人付出了什麼代價？有許多國家了解，人力是最重要的資源，而在未來，當美國無法和這些國家競爭時，又可能會付出什麼樣的代價？這篇報導又寫道：

……也許這項研究最可悲的地方是，接受測試的這些人所表現的傲慢態度：當問卷上問到他們的閱讀能力是否好或很好時，程度最低的那些人當中，有71%的答案是肯定的。假如這項研究的結果正確，那麼美國大多數人不僅無法趕上現代或更先進科技腳步，還有一大部分的人甚至不明白自己的無知。

在教育光譜的另一端，有些研究顯示，70%至80%的企管碩士（MBA）在畢業後的十二個月內，就會辭去他們的第一個工作。他們為何離職？並非因為缺乏技術能力，而是因為他們在工作環境中，無法有效發揮功能，與人和諧相處，融入企業文化。企管碩士和商學院至今依然否認，組織之內自有現實的一面，你的知識與技能並非一切，真正決定事業成敗的因素，是你的做事方法。現實環境如此，大部分商學院、管理學教授以及企管碩士，都宣稱自己明白有這樣的問題存在。然而，果真如此嗎？

有些執行長也不像他們自以為的那麼聰明。曾任安隆（Enron）執行長的傑佛瑞·史基林（Jeffrey Skilling）終於打破沉默，談論他們公司的敗亡，他否認他該負任何責任或做了什麼錯事。

「我們都在試著了解究竟哪裡出了問題，」他告訴一位《紐約時報》記者：「真是一場悲劇。我完全不清楚公司已經不行了。」

悲劇，的確。安隆在每一個華爾街分析師和主跑商業線的記者，從高盛集團（Goldman Sachs）到《財星》雜誌的心目中，都是全世界最傑出、前途最看好的公司。現在，這家公司已經成為一片廢墟，它的前執行長竟聲稱自己無辜又無知。顯然史基林不是成人文盲的受害者；他只是陷入被害者循環當中。

根據《紐約時報》的報導：「有一項財務安排腐蝕了安隆，其中一個條款要求，只要安隆的股價跌落到某一個價位，安隆就得付出三十九億美元，卻不能列在財務報表上，結果安隆喪失了投資級的信用評等。史基林說：『這件事情我並不知道。』讀者來當裁判吧！」

還有些人則是聰明反被聰明誤。一九九三年，《華爾街日報》報導，錢伯斯開發公司（Chambers Development Company）是一家廢棄物管理公司，他們將利潤灌水，謊報為三億六千二百萬美元，而且在一九八五年上市後的好幾年間，會計帳目持續出錯。

記者葛布莉拉．史登（Gabriella Stern）描述該公司六十三歲的創辦人暨總裁約翰．藍格斯一世（John G. Rangos, Sr.）：「沉迷於將他的垃圾公司打造成一顆明星，並且在管理會議中，堅持他高遠的獲利目標，」導致「公司成為一個人們必須忍受玩弄數字的環境。」

有一回，一位主管告訴藍格斯，公司無法達成預定的獲利目標，藍格斯卻要這位主管「去找到短缺的部分」。總之，當查帳員葛藍特．桑頓（Grant Thornton）拒絕繼續幫錢伯斯簽認後，該公司的光榮歷史逐漸黯淡。在勤業眾信聯合會計師事務所（Deloitte & Touche）提出的報告中，查帳員指出，錢伯斯開發公司「將支出大幅低報，以掩飾財務損失，違反一般會計原則。」藍格斯二世的回應卻是，否認「他的家族慫恿部屬來假造獲利的數字，或使用不當的會計方式做帳。」錢伯斯開發公司和它的總裁明顯地逃避責任，否認他們做過任何錯事。

被害者循環的這個「忽視或否認」的階段算是一種挑戰，馬克吐溫（Mark Twain）曾經如是說：

「問題不是你不知道，而是事實並非如此。」

假裝不知道或忽視問題，只會讓你落入水平線下，並且減損你取得成效的能力。

2. 那不是我的工作

我們曾經聽過多少次，或者說過多少次「那不是我的工作」。這個常被提起的藉口，是個老掉牙的慣用語，被用在無數的討論之中，做為不採取行動的煙霧彈，用來轉移別人的譴責，並且逃避責任。在這個階段，人們其實明白該做些什麼事，才能取得成果，但同時也明顯欠缺足夠的責任感或參與的欲望。

採取這種被害者態度的人們，認為自己將會徒勞無功，個人的犧牲毫無益處，這種思維就是自己的避難所。為什麼要擔負起這個「額外的」責任？「那不是我的工作」是個慣用語，在過去分工清楚無人敢逾越的時代中，有其正當性，工作表現在於「個人完成工作的能力，」而非他們對「達成目標」所做出的貢獻，而公司也認為，部門捍衛自己所需其實無可厚非，以致公司真正最大的利益反倒必須靠邊站了。

無論你走到哪裡，工作或在家，如果你仔細觀察，你會每天看到被害者循環中的這個階段。例如，你能不能回憶一下當你站在「那不是我的工作」的另外一邊時的感覺？

想像以下的場景，你走進一家商店，需要有人服務。公司的口號廣告得很大：「我們不計一切滿足您的需求。」看起來覺得很受用，但是當你聽到：「對不起，我幫不上忙，那不是我的工作範圍，」你會覺得失望已極。

「那不是我的工作」是一種永無止境的循環，而對許多人來說，最令人氣憤不過的，就是成為這種循環的典當品，像皮球一樣被踢來踢去，找不到一個願意當責的人。

當你必須為這種水平線下的行為付出代價時，便會倍感棘手，這也就是重點。一旦有人用這句話來推諉責任，在追求成果的過程裡，逃避參與的機會，那麼就有人得付出代價。有可能是間接的代價，有時候甚至很難追蹤，但是終究有人要付出代價。或許是別人看待你的方式，或許是公司的營收終究影響到你的薪資，或許是有人原本可以幫幫你的忙，卻因為「那是他們的事」而袖手旁觀。到頭來，「那不是我的工作」成了一種普遍的藉口，意指「別怪我，那不是我的錯。」

3. 怪罪他人

被害者循環的這個階段是人們的拿手好戲，當不良結果發生時，不願負起責任，卻將歸罪到別人身上。「別怪我」成為轉移罪過的口頭禪。比方說，一家醫療產品公司的營運長公開承認，該公司有一項產品在聚胺酯（Polyurethane）的灌注成形製程中出了問題，造成公司裡的每一個人深受困擾。公司員工聽聞這位營運長的不打自招之後，開始將所有產品的缺陷、時程的拖延、缺乏效率等問題，全都怪罪到這個發生問題的製程上。數百名員工的手指指向四面八方，就是沒指到自己身上，於是，該公司的生產力和獲利能力同步下滑。

怪罪的形式有很多，就連最出色的公司都難以避免。家具製造商賀門・米勒（Herman Miller）由《財星》雜誌提名為美國前十大最佳管理、最善於改革的公司之一，而且名列雷福寧（Robert Levering）與毛斯柯維茲（Milton Moskowitz）所著《美國最適合工作的百大公司》（*The 100 Best Companies to Work For in America*）一書百大名單之內，然而該公司最近也染上一點怪罪他人的惡習。該公司希望做到顧客滿意的先鋒，正如其執行長麥克斯・帝普雷（Max De Pree）在他所著的暢銷書《領導的藝術》（*Leadership Is an Art*）（編按：繁體中文版由經濟新潮社出版）所述。因此，該公司的行銷書籍作家將這點牢記在心，在所有的貨運箱外印了如下文字：

本家具在包裝運送之前，曾經仔細檢驗。在包裝及送抵貨運公司之前，它是完美無缺的。倘若您在打開紙箱或木箱之時，發現該件家具已損壞，請將貨品封回並立即致電貨運公司，要求他們立即派員協助您完成一項檢驗報告。為聲請賠償，該報告及原始的貨運帳單乃必要文件。至於運送過程所造成的損壞，則為貨運公司的責任。倘若您遵守如上指示，我們將樂於協助賠償事宜。

賀門・米勒公司敬上

這段卸責脫罪文字，讓賀門・米勒公司在出了問題時，可以將手指指向貨運公司；同時在滿足顧客的態度上，它展現出來的是一種水平線下的水準。該公司的品管副總裁為了維繫賀門・米勒的名譽，如此回答一位顧客的反應：「這段話傳達出來的訊息是『我們已經盡力了，如果有問題，那一定是別人的錯，不是我們的錯。』」該公司不願玩這種「被害者遊戲」，不願意怪罪他人，或顯得像是要怪罪他人，於是，後來將標籤改為：

我們很榮幸細心製造這件家具，它反映我們希望給您全世界最優良家具的承諾。倘若您在打開紙箱或木箱之時，注意到該件家具遭到損壞，請將貨品及原始的貨運帳單封回，立即致電賀門・米勒公司經銷商。貨運公司應派員協助您完成檢驗報告，以聲請賠償。我們希望能夠讓您完全滿意，僅此盼望，您在遭遇因運送過程而造成的損壞時，能夠遵行如上程序。

不幸的是，許多其他的公司每天都在進行「怪罪比賽」——行銷部門怪罪研發部門設計的產品或特色並不符合市場需要，唯有行銷部門知道顧客要的是什麼；業務人員攻擊行銷部門的支援不足，因為他們的行銷文宣品構思不良，或廣告對象錯誤；製造部門責備業務部門的銷售預測錯誤，以致造成延遲交貨的情況太過嚴重，或是庫存太多；研發部門則是將手指對準製造部門，說他們在生產線上無法解決製造的問題；副總語帶不屑地說中級主管們沒有負起較多的責任，而中級主管則斥責副總，說他們沒有給予足夠的指導方針，或是事必恭親，無法放手。推來推去、七嘴八舌地責怪他人，卻無法解決公司的問題。

4. 茫然困惑／告訴我該怎麼辦

被害者循環的這個階段比較微妙，人們用茫然無知以做為推卸責任的藉口。假如他們不了解問題或狀況，當然不能期待他們有何作為。比方說，有家大型化學公司的一位品管經理，由於他的部門表現不佳，而收到來自上級的機密評語，內容洋洋灑灑一大篇。然而，他自己徹底研究過問題之後，卻聽到有太多互相衝突的理由，於是他完全摸不著頭腦。他在面對上司時，坦承自己毫無頭緒：「這些訊息亂成一團，你怎能要我為這一筆糊塗帳負起責任呢？」

另一家大型食品加工公司的一位經理人在績效面談之中，得到上司的檢討意見是好壞參半的。這位上司給了這些有好有壞的檢討意見之後，請這位經理仔細思量一番，並在一個星期之內提出自己的看法。

這位經理得到上司評鑑之後，簡直像喝醉了一樣，在那一個星期之內，向她的丈夫、同儕和部屬抱怨連連，說她上司的評鑑毫無道理：「他根本不了解我。」她並未設法釐清，而只是滿懷恨意選擇留在迷霧之中。她和上司會面討論她的反應之時，抱怨他給的訊息太過雜亂，讓她根本無法改變自己的工作方式。

「我覺得這不大聰明，」她的上司警告：「我給你的批評意見呢？我覺得那是相當清楚的。」

「那又不是針對我，」她回答。

「我希望檢討的過程可以激發一些改變，讓你和公司都能夠有所成長，」她的上司回道。

「你根本不了解我。」是這名員工的回應。

「沒錯，我的確不大了解妳。」上司如是說。

幾個月之後，這位經理便離開公司，向外尋求發展。不幸的是，她讓自己依然處於混亂之中，希望自己的人生際遇能夠改善。它沒有任何改變，也很少會有所改變。

在經過怪罪與困惑的階段之後，自然會產生這樣的反應：

「告訴我，你究竟要我做什麼？我照做就是了。」

不幸的是，像這樣的懇請之詞，聽起來像是有意洗心革面，其實只是把責任轉嫁給自己的直屬主管或是別人。

有太多上司老是在遇到困難的狀況時，便直接告訴他們的部屬究竟要做什麼，無意中滋長這種態度。要求別人告訴自己該怎麼做，代表的就是一種先行的藉口，因為這分明是這位被害者的願望，在採取行動之前，已經為自己找下台階。

《交易經理人》（*The Transactional Manager*）一書作者亞伯．華格納（Abe Wagner）是一位共依存關係成癮（codependency）的專家，他認為，人們表現的是三種兒童心態：自然兒（natural child）、順從兒（compliant child）與反抗兒（rebellious child）。

「自然兒」指的是一個人與生俱來的個性，代表天生的需求、欲望與感覺。大人或小孩表現自然兒的特色時，會隨心所欲地做些自己想做的事，不想做的事情就不做，像這樣的行為可以做得很自然而端正良好。

然而，順從兒與反抗兒的行為所反映的，則是根據母親意願而來的相互依存關係。這二種共依存的行為都是處於水平線下，在被害者循環的「告訴我該怎麼辦？」的階段，因為他們必須依靠能夠當責的人。

「順從兒」聽從母親或上司告訴他們該做什麼事，而將自己的行動後果轉嫁到母親或主管身上。「反抗兒」得知母親或上司要他們做的事，然後抗命不從，卻把一切不良後果全怪罪到母親或主管頭上。無論這些共依存者表示順從或反抗，他們都得依賴一個較高階層的人給他們的指示，才能有所行動。因此，他們從來不願意自己當責。不幸地，組織中有太多人的行為表現，都像個順從兒或反抗兒。

我們或許偶而都會遭遇到一些無窮無盡「告訴我該怎麼辦？」的循環模式。在職場上，每天都有人在玩著轉移責任的卸責遊戲，拒絕為自己未來的行為當責。

過去的公司文化非常依賴命令與控制的模式，因而形成一種父權式的作風。它影響到員工的投入，也促進了被害者循環的這個階段：「我們告訴你該做什麼你就做什麼，把它做好就對了，我們會照顧你一輩子。」有些人依然如此形容他們的組織，一早上班時，先「在門口檢查你的大腦」。然而，今日大多數組織都在逃離這種「告訴我該怎麼辦？」的文化，以創造一種吸引人的環境，它能夠培養並留住最優秀而有才華的人才。當員工的責任感加深，組織內的人走到水平線上，公司文化就能從「告訴我該怎麼辦？」轉移到「我打算這麼辦，你認為如何？」這是一種能夠取得成果的，真正的授權工作型態。

5.藏住你的狐狸尾巴

被害者循環的另一個實際階段，就是藏住你的狐狸尾巴。在這個階段，人們繼續在想像中保護自己，其行為表現則是難以脫離水平線下的模式。在這裡，人們構思華麗而精確的故事，以便出了問題的時候，自己可以免除罪責。這些故事經常都是根據事實改造而來。然而，令人驚訝的是，絕大多數的這類故事都是在結果尚未分曉的時刻，便已經準備妥當，以防萬一問題真的出來，或是可能發生的失敗終於發生。

人們會用幾個方式想辦法藏住「狐狸尾巴」——從書面記錄每一件事，到儲存電子郵件，方便稍後證實自己一清二白。有時候，你會遇到某人來向你證實事件發生的先後順序，以及你們的對話內容，確保「不在場證明」，以備將來的不時之需。

有時候，人們會將被害者循環的這個「藏住狐狸尾巴」的階段，玩得精采萬分、百轉千迴。我們曾經見過，有些人在面對一些他們認為可能發生問題的狀況時，真的是邊跑邊躲，只想讓自己逃離現場。他們避開可能讓自己淌混水的會議，或是不願開啟某些電子郵件，因為他們知道這些電子郵件或許和一些預期中的壞消息有關。

我們還記得曾經聽過一個這樣的例子，有一家公司的發展已經來到生死存亡的關頭。它正在準備一場政府的查驗，督察的查驗結果不是會讓這家公司一飛沖天，就是一蹶不振。就在查驗的前幾天，該公司的總經理說他要度假去了，因此在查驗時段，無法和公司進行任何聯繫，或是做任何的決策。人們立刻感覺到所有潛在的問題全移轉到他們身上，只有公司的總經理看起來一清二白。於是，他們想盡辦法避免發生爭吵。

這種花在「藏住狐狸尾巴」上的功夫可謂毫無建設性的作為，這點幾乎沒有例外。除了一些理由與辯解的故事之外，一無所有，只是要說明為何人們沒有罪過，不該責怪，不該為任何錯誤負起責任。

有時候，這種行為無疑有其正當性，例如，你會有些必須保護自己免於受到小人誣陷的時刻，這甚至似乎是必要的行為。但是，無論正當與否，藏住狐狸尾巴的行為對所有相關人等而言，都是時間與資源的一大浪費。

6. 等等看

剛開始，人們暫時留在被害者循環的泥淖之中，等等看情況能不能自行改善。但是在這種氣氛之下，問題只會變得更糟。例如，有家資本額三億美元的個人保健產品製造與行銷商，它的高階管理團隊發覺自己在引進一個新的產品路線時，痛苦掙扎了許久。由於該公司成長快速，缺乏這種引進的先例。公司人員在幾個小時的辯論之後，決定要等等看，等大家的情緒都冷靜下來，看看會不會有正確的方案「自動」從產品管理部門誕生。

幾個月的遲疑不決之後，一家較小的競爭對手把他們打得鼻青臉腫，使得整個新產品的引進過程成為一個大問題。被害者循環的這個「等等看」的階段，會成為企業管理的漏洞，因為一切可能的解決方案，都會被怠惰無為吞噬。

被害者循環的這個現象有個很有趣的例子。《華爾街日報》曾報導，在麻州安赫斯特市（Amherst）的市政府頂樓，多年來累積了無數鳥糞，而造成居民的健康受到威脅。安赫斯特的市議員投票表決，預備花費十二萬五千美元清理這堆穢物，但是根據包商的估計，大概要花上二十六萬美元。這時候，來了一位英雄

——大衛・奇男（David Keenan），他是安赫斯特市的一位房地產仲介商，他願意組織一支義工團，名為「驅鴿大隊」，他們將免費除去那大約二百零八公升的鳥糞。然而，有位市議員指出，像這樣的工作會需要為每位義工保險，算起來花費更高。

奇男聽完一長串的討論之後，沮喪地聲明：

「任何願意義務幫忙的人，都會樂意簽一分保險棄權書。安赫斯特政府的問題是，沒有人願意捲起袖子來鏟掉那些廢物。」

社區領袖請了律師來研究這個責任問題，結論是：

「無論由誰來清理，市政府還是有可能被告。」

在此同時，鳥糞持續堆積，來市政府洽公的人，都希望自己不要得到鸚鵡熱（Psittacosis），這是一種人畜共通的疾病，傳染到人的身上會導致肺炎。奇男和他的驅鴿大隊提出的最後解決方案是，請議員分配足夠的經費修好窗框上的破洞，讓鴿子無法再飛進來。

陷入被害者循環：麥克・伊歌的困境

人們喜歡留在被害者循環之中，因為他們在水平線下可以自我安慰，有時算得上是一種自暴自棄的感覺。他們可以如此安慰自己：「我不用承認自己錯了。」「我不會丟臉。」「我的將來不需要有改變。」「我可以為自己的績效不良與成長不足辯解。」

然而，無論人們停留在被害者循環之內的理由為何，這種安適感都只是假象，假使不想方設法認識這些令他們失足的態度與行為是什麼，那就絕對走不出來。我們來看看有一位執行長如何學會偵測出其中的陷阱。

我們感謝麥克．伊歌（Michael Eagle）讓我們分享他的故事（在水平線上的領導者之中，我們給他的評價名列前茅），因為它讓我們看到，今日美國高階經理人在努力想要走到水平線上，想要努力維持水平線上的水準時，內心面臨的掙扎。

【案例】脫困：從自認是受害者的情緒中覺醒

麥克．伊歌在公司內擔任製造部門副總時，成效斐然而令高層刮目相看。在上位的每一個人都很看好他，認為他的前途一片光明，將來或許步上公司的最高管理階層。為了更進一步推展他的事業，上司建議將他轉調到一個子公司，讓他在一個表現不佳的子公司裡有所發揮。

然而，麥克在他管理該公司的第一年結束時，因為它的整體績效缺乏改善而感到十分沮喪。他嘗試的每一件事都似乎行不通，這是他在事業上的頭一遭，擔心這項任務無法達成。

這個績效不佳的問題持續困擾著他，麥克決定去找來公司裡的重要人物，挖掘他們內心的感受。調查期間，他請來一位組長共進午餐，請他直言這一年來，在人們心目中，麥克對工廠造成了什麼樣的影響。這位組長聽到這個要求似乎大吃了一驚，問他是否確實想聽真話。麥克堅持說：「是的」，這位組長的話匣子便從此打開，細說分明，說人們將公司缺乏改善的狀況，全部歸咎到麥克自己的行為。麥克簡直無法相信自己的耳朵：

「他這回調職真是太不合理了。」

「他是個製造專家，我們需要的卻是一個了解我們工作的人。」

「他根本沒有什麼用處。」

「他用管理製造部門的方式來管理這個新產品的開發部門。」

「他根本不會改良品質。」

「他沒有辦法溝通得很清楚。」

「他自己團隊裡的個性衝突太多，他卻總是視而不見。」

「他好像沒有能力做出比較棘手的決策。」

在這位組長口中，人們對麥克的管理技巧頗有微詞，麥克聽來自然不是滋味，但他還是對組長這番坦率的評語表示感謝。他聽到這些意見確實十分感激，卻也感到相當懊惱。畢竟，當他在帶領製造部門時，經常聽到有人在抱怨：

「研發部門的人設計出來的產品老是出問題，我們根本沒辦法製造出品質優良的產品，我們只希望他們在解決設計問題之前，先別把產品丟過來。」

這段回憶促使麥克把這位組長傳過來的話，像是把滿口的酸葡萄吞下去一樣。公司的人為什麼不能承認那是自己的缺點呢？

接下來的星期六，他和彼得．山得斯（Pete Sanders）到加州的海岸線騎單車。彼得是他的老同事，他很信任彼得。麥克調到新職位時，彼得也離開公司，自己創業。二人開始騎車之後不久，便懷念起他們過去共事時的好時光。

話匣子一開，彼得隨意問起麥克目前的情況如何，麥克很信任彼得，因此告訴他，整個情況已經變有如惡夢一場。沒多久，他就開始對老友大吐苦水：

「彼得，我接了一個爛攤子。人們都希望我可以做點什麼來解決他們的問題，這實在讓我很苦惱。這一團混亂又不是我造成的！這都是他們自己的事。一年前我決定要接掌這個位置，當時，我根本不知道那是個什麼鬼地方。公司的管理階層當中，沒有一個告訴我它竟究有多糟糕。我真是腹背受敵。每一個階層的經理人都不願負起責任，管理高層也一樣。公司裡的士氣空前低落。每星期至少都有三個低階的工人離職，無論我有多麼努力。我什麼都試過了！但是沒有人願意溝通，每一個人遇到問題都在怪別人。看起來，好像是前任的主任讓情況完全失控。新產品引進的數量少得可憐，而且我們在真正取得研發部門的新產品時，它們都還沒有設計完善。我哪有能力自己解決這些問題？我真的是孤掌難鳴，公司的管理階層也沒給我們什麼有用的方向，他們只是認為我會把事情做好。」

對彼得來說，他幾乎不相信這些話出自於老朋友麥克的口中。在工廠，麥克簡直不可一世，這個呼風喚雨的傢伙覺得無論眼前發生什麼困難都難不倒他。現在，他聽起來卻像是走到窮途末路，考慮事情的方式就只是在原地打轉。他怪罪公司的管理團隊將他置於絕地，他怪罪公司的管理團隊不願自己解決問題，他還怪自己在面對狀況時，完全無法自己掌控而變得懦弱起來。

彼得對麥克的處境表示同情，說他知道麥克之所以會有這些感覺，必然是有很多好理由。但他同時表示，如果繼續感覺自己像個受害者，他的情況仍然還是不會有絲毫改善。彼得繼續說道：

「你知道，麥克，幾個星期以前我參加一場當責研習會，基於我在那裡學到的一切，我要說你目前正陷於研習會主持人所說的被害者循環裡，這是個壞消息。然而，好消息是，你可以設法改變它。」

彼得與麥克繼續在海岸線上騎著單車，彼得繼續說：

「我在這場研習會裡學到，每一個人偶而都會陷入被害者循環。這沒有必要覺得可恥。事實上，只要你知道自己正陷身其中，就可以開始脫離。被害者可能會變得一事無成，除非他們能夠開始掌控自己的未來。關鍵在於當責。但是他們必須對所謂的被害者循環有個全盤的認識，否則無法走上當責步驟。想想吧！你是否曾經自稱不清楚某些狀況，假裝不知道究竟發生了什麼事，否認這是你的責任，怪罪別人，試著叫別人為你脫罪，告訴你該做些什麼，向人解釋你能力有限，或是等著明天會更好？」

這些話似乎挑動了麥克的神經，因此，彼得繼續溫和但盡可能促使麥克以比較客觀的方式看待自己：

「麥克，我真的很尊敬你。要記得，陷入被害者循環並不是壞事，只是它沒什麼用處，因為它會讓你做起事來沒有成果。我現在可以看到自己陷入被害者循環好幾百次，這很好啊，麥克！我愈早看到陷阱，就愈容易脫離出來，然後開始比較積極地向我的目標前進。我看得出來，你在公司裡遇到的問題是真切實在的。但是，面對這些問題時，試著問問自己，還可以做些什麼，讓自己超越這些情境以取得想要的成果？你在形容你的困境時，很少表達你自己在過去這一年來，對這個狀況的參與程度如何。你談起來就像製造部門主管不是你的部屬，好像公司的問題只是別人留下來的爛攤子，彷彿你根本毫無選擇。你是否真的已經完全離開你的舊工作，真正坐上這個新的位置？你是否真的在這裡投入你的工作？」

麥克想想山得斯所說的話，愈想愈氣：

「這聽起來好像大家的問題都要怪到我頭上，我可不認這個帳！」

彼得一言不發，麥克深吸了一口氣，為自己的魯莽道歉。

「對不起，我想，如果我對自己百分之百誠實，就得承認自己在面對公司的問題時，其實並沒有盡力。我唯一的樂趣，就是想到以前在製造部門的快樂時光。當時一切都那麼順利。改善的情況都看得出來。我到現在手上都還保留過去在製造部門的每周會報，我每次重新看一遍時，一切都回到我的腦海裡。我總是會打電話給我的老朋友，恭喜他們，給他們一些建言。」

這時，彼得打斷麥克的話說：

「你還記得亞歷山大大帝的故事嗎？當亞歷山大的軍隊抵達現在名為印度的海岸時，他命令部屬將船燒掉。他的部屬對這個令人驚訝的命令感到十分遲疑，這時候亞歷山大回應道：『我們不是搭他們的船回家，就是根本不回家。』換句話說，焚船的舉動將可以讓部隊征服敵國的決心更堅定，因為他們已經沒有退路。現在，勝利已經是唯一的目標。」彼得繼續說，看起來，麥克留了一艘船，以便撤退或逃跑，因此從未真正投入他眼前的戰役。

當他問麥克，實情是否如此時，麥克頗感驕傲地承認，他有好幾條退路。他已經向上級主管暗示，他想再回到老位置，他甚至到一家競爭對手公司去應徵。然而，現在他了解自己在經營公司時，還留了一隻眼睛在看著退路，他必須承認，在眼前的處境之下，他得睜大雙眼才行。最後，他終於能夠理解自己在應該採取決斷性的步驟改善組織中的困境時，還陷在被害者循環當中。他有能力將全副注意力集中在它的問題上嗎？

這時候，麥克開始明白，他必須和他的經理們共同創造一支比較有向心力的團隊，才能夠做出一些有意義的改變。他很後悔在過去一年來，並未全心面對他部屬的經理們，全力和他們一同培養穩固的團隊精神。他只是繞過經理而去找組長，在早餐會報中和他們見面，取得他們的意見，給他們一些指示。麥克理解到自己心目中其實已經沒有經理的存在，結果使他們無法成為一支有力的管理團隊。

奇怪得很，麥克承認公司的績效不佳，自己其實有責任之後，便不再覺得憤怒或沮喪，反倒開始振奮起來。麥克很想繼續培養這種感覺，於是他告訴彼得：

「你知道嗎？我真是阻擋了自己的去路，只等著別人來決解這些問題。公司裡有很多事情的確和我無關，但我卻容許這些事情來干擾我，不讓我有些積極的作為。而且，最糟的是，我這種像個被害人的表現，就像給了每個人一張許可證，容許他們也可以和我一樣。現在想想，我真的可以看到組織裡有很多人都淪陷在這種循環裡，對問題視而不見、否定自己的責任、怪罪他人。而且我覺得，即使自己開始有不同的行事作風，開始為公司的不良績效負起全責，還是可能會失敗。這讓我覺得很害怕，因此我幾乎是讓自己完全癱瘓了。」

麥克的這番體認需要時間，也需要下功夫才能有所成就；但是有了它，就像《綠野仙蹤》裡的桃樂絲，開始看到回家的路。他明白，偶而陷入被害者循環是無所謂的，因為這是人性，同樣地，有點害怕造成失敗也是無可厚非。但是，能夠當責的人會學著克服這種恐懼感，因為他們認識到，唯有走到水平線上，努力工作取得最佳成果，才能夠得到成功。

以麥克的案例來說，「一切自己做主」的心態發生了感染力，他的團隊也都動了起來。麥克的決心加上天生出色的領導能力，使得公司得到了前所未有的業務量與利潤。麥克開始全力以赴之後，受到母公司總經理的肯定，也因為取得大家都認為不可能的成果而獲得獎勵，麥克最後成為這家母公司管理高層的一員。

這裡傳遞出來的訊息是——有時候，你必須願意燒掉其他的船，也就是刻意斷絕其他後路，並在自己的掌控之下，緊緊握住舵輪掌握方向。如此一來，可以激勵你，使你的信心更堅定，創造屬於自己的成就，開始新的行動計畫，下定決心，幫助你克服困境。

鞋子就穿在你的腳上，現在，如同《綠野仙蹤》情節一般，你只要輕叩鞋跟，它就會帶你前往想去的地方。

重要課題：偵測被害者循環的徵兆

過去幾年來，我們和千百位高階經理人、專業人員、朋友與家人，一同從事過許多像麥克・伊歌這類實話實說、傾聽內心聲音的課程。每一種狀況都有所不同，每一個人各有特色，但是當他們體認到自己已經陷入被害者循環時，每一個人都來到了關鍵時刻。

利用一點時間思考麥克・伊歌的例子。

一年來，他真的相信自己無法控制眼前的狀況。面對淒涼的窘境，他寧可認為自己無能為力，認為沒有人能要求他在一夕之間，便將公司長期以來的問題完全解決。結果，麥克過著悲慘的日子，心情惡劣而沒有生產力。直到他發覺自己其實是在推卸責任，責怪過去的執行長和其他經理人，要求公司的管理階層告訴他該怎麼辦，聲明他已經盡了全力，等著看看情況會不會自己變好。幸運的是，當他終於發現自己陷入被害者循環，便能夠完全投入工作之中，幫助公司裡的其他人解決問題，取得較佳成果。

每一個人都和麥克・伊歌一樣，偶而落入水平線下，但是你一旦陷入這種困境，便無法再回到軌道上來，除非你能夠看清楚自己因為處於水平線下而造成了重大的損失。這時候你會採取一種看一看的態度，讓你能夠走到水平線上，開始爬上當責的階梯。你會在下一章裡，開始讀到當責步驟中的看一看。但是在此之前，你也許要暫停一下，用一些犀利的問題問問自己。【圖表 2.1】幫助你檢查是否陷入水平線下。花幾分鐘時間，用被害者循環自評表檢視自己的經驗。

根據下列問題中的所述情事是否曾經發生在你身上，而回答「是」或「否」。讀過每一個問題時，都要記得問問自己：「這曾經發生在我身上嗎？」「我是否曾經有過這種感覺？」試著扮演自己的摯友，盡可能坦白回答這些問題。

【圖表2.1】被害者循環自評表

1.	當你認為自己已經克盡全力，設法解決問題時，是否曾經遭遇來自上級的負面意見？	是 否	□ □
2.	當事情發展的方向不如你的預期，你是否會花些時間來怪罪或指責別人？	是 否	□ □
3.	你是否曾經懷疑，有某些事件可能成為某人或組織的問題，而你卻沒有任何動作？	是 否	□ □
4.	你是否曾經花時間「藏住自己的狐狸尾巴」，以防萬一出了狀況？	是 否	□ □
5.	你是否曾經說：「這不是我的工作」，而期待別人來解決問題？	是 否	□ □
6.	你是否曾經覺得自己有種無力感，對你的環境或狀況沒有掌控能力？	是 否	□ □
7.	你是否曾經發覺自己在「等看看」問題是否能夠奇蹟式地自己解決？	是 否	□ □
8.	你是否曾經說：「告訴我該怎麼辦，我照做就是？」	是 否	□ □
9.	你是否曾經覺得，如果這是你自己的公司，你的做法就會有所不同？	是 否	□ □
10.	你是否曾經向別人訴苦，說你吃了某人的虧（上司、朋友、包商、推銷員等等）？	是 否	□ □

完成被害者循環自我體驗表之後，將總分加起來。每一個「是」的答案得一分，「否」得零分。總分加起來之後，和下列得分表進行比較。

【圖表2.2】被害者循環自評計分表

如果你得到0分：你對自己不夠誠實。回頭再試一次，不過，這一回坐在衣櫥裡回答，免得讓別人看到。 如果你只得到1分：你知道自己有可能會落入水平線下，不過，或許你不願意承認情況到底有多麼嚴重。
如果你得到2至4分：你應該覺得很滿意，你不過是個凡人。
如果你得到5至7分：你明白自己很容易落入水平線下。
如果你得到8至10分：你很誠實，很正常，而且應該對本書接下來的內容很有興趣！

你真正的得分比不上你的體認重要，身為一個人類，幾乎任何時候你都可能因為受到引誘而想要逃避責任，寧可躲在想像中安穩的被害者循環，以及安全感的假象裡，你以為自己之所以得不到應有的成果，都是別人犯錯使然。而你如果能夠體認自己有能力落入水平線下，你就會有能力體驗奧茲法則——超越你自己的環境，取得希望得到的成果。

走出被害者循環

於本章中，你看到許多例子，那都是屬於水平線下的行為與態度。

這些例子幫助你更能夠認清被害感與責任感之間的區別。然而，你和桃樂絲一樣，在通往翡翠城的黃磚路上，你會發現，你必須非常努力，才能夠偵測到自己生命中，以及組織內的被害者態度與行為。

下一章，你將開始以全新的眼光看待責任感，同時做好準備，走上當責的四個步驟。

第3章 我的家最可愛

集中火力，取得成效

「但是你還沒告訴我，該怎麼回堪薩斯啊！」

「只要輕叩鞋跟三下，你的銀鞋會帶你走過沙漠，」南方好女巫葛琳達（Glinda）回道。「如果你早知道它們的力量，在你來到這個國度的第一天，就可以回家找你的安姑媽了。」

「那我就得不到這麼棒的腦袋了！」稻草人喊道。「我可能得待在玉米田裡度過一生。」

「那麼我就得不到這顆可愛的心，」錫樵夫說。「我可能要站在森林裡逐漸腐蝕，直到世界末日。」

「而我將永遠是個懦夫，」膽小獅也說：「整個森林裡的野獸都不會對我說一句好聽的話。」

「這都是真的，」桃樂絲說：「我很高興能夠幫助這些好朋友。不過現在大家都已經得到自己最想要的一切，大家都有了自己可以領導的王國，我想我要回堪薩斯去了。」

——《綠野仙蹤》

法蘭克・包姆

花旗集團（Citigroup）是全球金融的領導者，它在二〇〇二年獲利一百六十億美元，然而該公司是老老實實賺到這個錢的嗎？花旗和它旗下的所羅門美邦公司（Salomon Smith Barney）❶在媒體上的曝光率極高，因為據說他們幫助安隆維持財務報表上沒有債務；行銷可疑的世界通信公司（WorldCom）的債券；Winstar通信公司已經快要解體了，還在為它促銷；用首度公開發行的股票去獎勵美國電信（Telecom）的管理高層；還調高AT & T在市場上的評等，以便做成它的生意——這時候，是該自動請辭，逃走或躲起來呢？

曾任花旗執行長的姍蒂．魏爾（Sandy Weill）可不會這麼做。她跟媒體說：「我真是難為情。」

她承認在擔任花旗執行長時犯了錯，也願意負責，她說：「這項錯誤我也有份。」

魏爾告訴董事會，她會傾全力讓花旗集團在比較重倫理與誠信的情況下運作。這不過是好聽的自白？公開認錯的舉動也只是為了安撫民眾憤怒的情緒？只有時間可以告訴我們答案。

是的，投資銀行業許多其他的公司也都有類似花旗和所羅門美邦的做法，但是那已經不再是可以接受的藉口。花旗的管理高層在幕後究竟是怎麼想，怎麼做，感受又如何？我們很快就會看到。魏爾至少做了一些令人耳目一新的事——開除明星分析師傑克．格魯曼（Jack Grubman），將所羅門美邦的主管解職，並認列股票的選擇權為開支。然而，許多觀察家依舊認為花旗集團發生的一切是管理上的大失敗。魏爾的自白和自首將會幫助花旗集團回到受人尊敬的地位，讓它不再搖搖欲墜嗎？那得看接下來的五至十年之間，魏爾和管理高層究竟能夠為真正的成果當責到什麼程度而定了。

當責的定義偏差

十幾年來，我們和成千上萬的經理人、領導者和團隊成員合作過，我們發現，大多數人心目中的當責，都是當績效欠佳，問題發生，或是無法實現成果之後，才會發生在他們身上的事。事實上，許多人認為，當責這種概念或原則，唯有當事情出錯，或當某人試著判別因果，鎖定罪責的時候，才會派上用場。通常，當一切順利揚帆，失敗尚未造成沉船，人們很少會問：「誰該來為這個或那個當責？」似乎只有在船身漏了一個洞的時候，人們才會開始來找誰是罪魁禍首。

無疑地，大多數字典對於「當責」（accountability）的定義促成人們對於當責的負面看法：「必須報告、解釋辯明；能夠回答，負責任。」

我們看到《韋氏字典》（*Merriam-Webster Dictionary*）對於「當責」的定義是必須，意味著這件事情的選擇餘地很有限。這種「自首」取向的定義，暗指我們都觀察到的一切——當責被視為不良績效的後果，一種你必須害怕的原則，因為它到頭來很可能會傷害到你，難怪他們要花那麼多時間去逃避與說明，為不好的成果辯解。

這些年來，我們發現，每當有領導者宣布，他們將要在組織內發起一項創造較高責任感的活動時，人們總是先發出一聲哀號：「又來了！」他們怕情況太糟，於是等著找到一些代罪羔羊來為成果不佳負責。也難怪，怪罪遊戲如此風行，大家玩得不亦樂乎又創意十足！然而，藉由第一手的經驗，我們知道如果當責的定義可以比較正面而有力，就會更有辦法取得出色的成果。

例如，即使在姍蒂．魏爾的案例中，我們尊敬她願意站出來領受責罵，但是她之所以這麼做，是否只是因為情況已經壞到終於必須判斷是誰的錯的地步了？無論是透過責備或自承錯誤，我們都必須了解，當責並非只有自首而已。如果不夠小心，我們甚至會誤以為這種為失敗負責的動作，就可以彌補錯誤。成千上萬個組織內的千百萬人，都在浪費自己無價的時間去辯解自己為何缺乏績效，列舉一些乏味的藉口：

「我們預算不足、擴張太快、人手不足、資訊缺乏、經費短絀、運用不當。」

這時，辯解成了最主要的目標，而不是在設法改善績效。於是有位領導者著意將重點集中在改良部屬的績效，因此建議組織列出一整套的藉口，每當員工在設法解釋失敗時，只要勾選出答案就好，如此一來，便可以省下大量的時間與精力：

【圖表 3.1】經過嘗試與測試的二十個藉口

1.	「我們向來都是這麼做的。」
2.	「這不是我的工作。」
3.	「我不知道你馬上就需要它。」
4.	「它晚了不是我的錯。」
5.	「那不是我的部門。」
6.	「沒有人告訴我該做什麼。」
7.	「我在等主管核准。」
8.	「有人該告訴我不要那麼做。」
9.	「別怪我，那是老闆的點子。」
10.	「我不知道。」
11.	「我忘了。」
12.	「如果你早告訴我這很重要，我就會去做。」
13.	「我忙得沒時間做這件事。」
14.	「有人叫我做了錯事。」
15.	「我已經跟你說過了。」
16.	「你為什麼不先問過我？」
17.	「沒有人請我去參加會議，我沒收到會議紀錄。」
18.	「我的部屬丟給我的。」
19.	「沒有人來追蹤這件事，它不可能那麼重要的。」
20.	「我告訴過某人該負責這件事。」

這張表看起來實在蠢透了，不是嗎？然而，人們以各種方式，將這些藉口深深織進生活的血脈之中，導致派上用場時，

並沒有確實想到自己在說些什麼。為了克服這種衝動，人們必須放棄這種以過去為主、以怪罪為中心的當責定義：「尋找罪魁禍首」。

幾乎沒有例外，當組織內出了錯，人們就開始玩起尋找罪魁禍首的遊戲（它是怪罪遊戲的粗糙變種），立即開始在一行人之中，找出誰該為失敗負責。

在這種「尋找罪魁禍首」的遊戲裡，總是沒人想去改正錯誤。那些玩著這種遊戲的人，為了逃避失敗的後果，只想把聚光燈轉移到別人身上，自己則是找遍各種逃走的藉口解釋與說明，想盡辦法脫離關係。

在尋找罪魁禍首的遊戲裡，有個悲劇的例子引起全美矚目。

【案例】牛肉奪命，這究竟是誰的錯？

一九九三年初，據報導在魔術箱餐廳（Jack in the Box）裡，由於漢堡的牛肉遭到汙染，造成二名兒童死亡，數不清的民眾病情嚴重。

魔術箱餐廳迅速準備好它的說詞，將箭頭指向牛肉的供應商汎氏（Von’s）超市，後者當然也備妥迎戰，指稱牛肉檢驗單位（美國農業部）卻未曾善盡職責，檢驗單位解釋道，經費不夠，無法聘任足額的檢驗人員。

這究竟是誰的錯呢？納稅義務人沒有繳出足夠的稅，好讓他們聘請足夠的檢驗人員？但是，納稅人當然也有話說：

「如果聯邦政府的效率更高一點，想要取得我們需要的服務，自然不用花太多錢。」

一場場怪罪遊戲無休無止，更進一步在組織內上上下下剝奪了人們取得較佳成果的方法——真實而正面地當責。

螺旋繼續向下旋轉，當責的錯誤定義在一邊火上加油，愈來愈多人學會高明地玩著尋找罪魁禍首的遊戲。

當組織內的一項大型計畫剛起步，各個階層的人們往往已經開始針對展開的進程，做起內容豐富的筆記，不是為了記錄成就，而是為了擔心萬一計畫失敗，可以為自己的缺乏成果辯解。即使在最注重品質的組織環境中，人們還是會將尋找罪魁禍首的遊戲更進一步轉為說故事比賽，無論結果如何，參賽者都有能力信手捻來便是藉口，浪費掉的時間和精力於是持續增加。

悲哀的是，美國人已經知道自己住在一個輕易提告訴訟的噬血社會，人們喜歡怪罪別人，將責任全歸到別人身上，因此那個「別人」就得為任何錯誤付出慘痛的代價。在這樣的社會裡，想贏得生命的賽事，就得藏起你的狐狸尾巴。

根據《韋氏字典》的定義，人們對當責的見解是屬於反應式的，沉醉於過去，對未來卻是樂得無知。人們忙著顧著旁枝末節做出精細的解釋，讓別人知道自己為什麼不該負責，因此也已經沒有力量負責——而這種力量，正是奧茲法則認為未來成功的關鍵所在。

當責的較佳定義

奧茲法則對當責的定義，可以活化企業精神，強化企業的全球競爭力，改善全世界公司的產品與服務的品質，讓組織更樂於反應顧客與相關單位的需求。

思考如下的當責新定義，它具體呈現奧茲法則的精髓：

當責——一種不斷自問的態度：「個人選擇超越自己的環境，為取得想要的成果做主——正視現實、承擔責任、解決問題、著手完成。」

這個定義包含了某種心態或態度，要持續不斷地問：

「我還能做些什麼，以取得我想要的成果？」

它還包含了當責步驟：正視現實、承擔責任、解決問題、著手完成，並包含某種做主的程度，包括做出個人承諾並且信守承諾，並主動積極地予以回應。面對問題的時候，重視的是眼前與未來的努力，而非以被動反應做出歷史性的解釋。有了這個新的定義，你就可以幫助自己和他人做出一切必要的行動，以克服困難的境遇，取得想要的成果。

現代人對當責的定義，是鼓勵人們「責備」自己過去的所作所為，而非定義他們目前與未來該進行的步驟。誠如愛德華．戴明（W. Edwards Deming）數十年來對企業界人士的諄諄告誡，大多數組織都假定，對失敗的恐懼感，會促使人們得到成功。相反地，我們覺得這樣的假定會導致人們在事實發生之前，便做好解釋歷史的準備。

積極主動的當責強調的是，你現在就可以有所行動，以取得佳績，而現代人對當責的定義，卻是鼓勵人們去「責備」自己過去的所作所為，而非定義他們目前與未來該進行的步驟。這種對當責的「事後諸葛」的觀點，會使你無法採取「還來得及」的方法。當責的真正價值與益處，來自於人或組織在事件與成果發生之前，便有能力對它們造成影響。而現代人對當責的觀點，卻是不承認人們用主動負責的態度所獲得的一切，可以遠遠遠超過反應式的當責。

舉個讓我們困惑許久的例子。

【案例】攸關人命卻遲未裝設的紅綠燈

地方政府在決定何時該裝設紅綠燈與暫停標誌時，其決定方式總是讓我們覺得驚訝得說不出話來。

我們還記得在南加州有個非常危險的十字路口，視線極端不良，行車速度又快。交通官員卻遲遲不願在這個路口裝設紅綠燈，因為他們追蹤的不是人們對該路口安全問題的抱怨，而是留意車禍發生的數字。在小型車禍發生達到某一個數目時，就裝個暫停標誌意思一下。假如發生幾件重大車禍，無疑地，就會裝設紅綠燈。至於那個十字路口，則因為發生過許多車禍和幾次重大事故，因此現在已經從四向的暫停標誌換成了紅綠燈。

這真是一件令人傷感的事，必須用到疼痛、痛苦、傷害、甚至生命，才能得到合宜的結果。因此我們非常不喜歡被動反應的處理方式，而非主動積極的當責觀點。在事情發生之後，才來調整行為，避免接下來的負面後果，都已經太遲了。

無論有心或是無意，通俗心理學（pop psychology）總是鼓勵現代社會的人們，將自己所有的苦難與問題歸咎生命中的一個或幾個經驗，促成人們對眼前與未來的行為態度及感受，抱持著不需要負責的態度。人們遭遇到惡夢連連、飲食不正常、潔癖、焦慮、自我改善的衝動、身體的疾病、財務問題，以及對他人的不耐煩等問題時，往往會從自己早年發生的某個問題或經驗尋找原因，這樣的作風已經可以說是稀鬆平常。將一切怪罪到自己過去的身體、情緒或心理上的創傷，藉以解釋自己無法控制飲食、和子女的關係拙劣、感覺孤立或寂寞，彷彿其他現代成人都未曾有過類似問題。

然而，真相是無論你是個真正的被害者，或是偽裝的犧牲者，你都一樣不可能克服過去所受的創傷，除非你能夠為自己的現在與未來當責，讓自己能夠從生命中得到更多收穫。要改變自己對當責的看法，就得從一個比較完善而主動的定義開始。

共同當責

奧茲法則對當責的定義有個重要的層面，也就是大家一同分享環境與成果之時，當責的效果最好。當責的舊有定義會讓人們去各自分配「個人責任」，而不承認共有責任。然而，事實上，後者往往都是組織行為與現代生活的寫照。當一個人必須為某些惡果負責，其他人都會鬆一口氣，這件事情終於和自己「沒有瓜葛、完成切割」。

將責任歸屬推到一個人身上，這可以讓其他人覺得好過些，但是事實依然存在，組織的成果都是來自集體而非個人的活動。因此，當組織表現不佳，這是集體或共同分擔的失敗。對組織內的責任要有完整的認識，就必須先接受「共同當責」的概念。

例如，想像有支棒球隊，每一位防守的球員都必須負責守備區域。沒有清清楚楚的界線來畫分每一個人的區域。有了這樣一些重合的責任地帶，取得佳績（即防守整個球場）就成為團隊努力的目標，其間個人的責任會根據環境改變而有所異動，球員所受的訓練就是要去接球，只要他們接得到，無論有幾個人在球的附近，自己依然義無反顧。

比方說，或許你會看到球被打到左外野偏中間的場地。頃刻之間，游擊手、左外野手與中間手同時跑來接球，沒有人完全知道誰該來接。有時漏接了，因為球員遇到對方時，彼此都以為那是對方的球，大家都等著別人接球──這時，就不確定該由誰來負責。組織內的遊戲在許多方面都是一場「團隊球賽」──每一個人各司其職，每一個人對最後的分數都有貢獻，而共同當責就主導著整場比賽。

【案例】每個人都舉手說：「讓我來！」

有家公司的總裁，說明對他而言共同當責的意義：

「大家同心協力避免漏接；不過，一旦漏接，每一個人都衝向前去撿球。」

他接著說：「不幸地，當人們看到球在二位球員之間落地，有太多人的反應只是說：『那是你的球。』」

在大多數組織中，我們很容易看到一連串成效不良的計畫，有的是人們錯過重要期限，有的是造成意想不到的花費，還有中途放棄，或是未曾留意重要細節。在這些情況發生時，沒有人會跳出來把球撿起來。每一個人都是坐在場邊說：「唉，這回他

（她）真的搞砸了。」

這家公司的總裁形容他的員工過去都是如何思考品質。

「我們問到誰該來為品質當責？」他說，得到的答案竟是：「有一個人會舉起手來，其他的每個人都會指著他。」

然後，他形容他們在了解了共同當責之後，大家的思考方式產生了什麼改變。

「今天，我們問到誰是品質的主人時，所有人都會舉起手來。」

有一位客戶談到我們協助他們利用資訊科技，執行一項系統性的職務整合，重新改造業務流程。由於客戶的高階主管擔心無法執行，於是找來全公司的專家，邀集組織中每一種工作的代表加入團隊。形形色色的人一同合作，尤其是當他們為了達成最重要的目標，而有些單位需要妥協時，簡直就像是不可能的任務！過去他們從來沒看過資訊整合及時完成，而且在預算範圍之內，這點使他們更加憂心。

以前，他們的截止期限總是會改個四、五次，然後遠遠超出預算。在九月的這一次發動，我們協助該團隊創造出一種積極當責的環境，創造出所有達成任務所需的行為與心態，因而在整整一年之後的九月五日將任務完成。管理高層創造出當責文化的效果，強調「我還能做些什麼來取得成果？」而不是傳統的「我只做我自己的工作。」

奇妙的是，執行團隊在截止期限之前的星期六，一直工作到晚上，讓任務提前了十六個小時完成，而且沒有超出預算！在該公司的歷史上，資訊科技第一次達成了這樣的任務。這項執行任務已經成為我們為客戶執行大型資訊科技計畫時的範本。

【圖表3.2】舉例說明，為成果創造出共同當責可以如何影響到組織內的績效。人們看著自己在組織內的責任時，通常只是精準地看到自己的職責。結果，總是會有些事情掉在圓圈外面的隙縫裡，而脫離他們自己設定的獨立工作區。組織設法解決問題的方式，往往都是重新定義工作，雇用更多的人（因此以畫出更多圓圈的方式填滿縫隙），或是進行組織改組。

然而，當人們看待當責的方式，是超越了個人的職責，那麼他們就會產生真正的責任感，而不會受到工作說明書文字上的限制，即福利，顧客訴怨，資訊共享，計畫期限，有效溝通，營業額，以及公司的整體成就。當人們帶著共同責任的態度去看待一項計畫的所有層面，邊界的隙縫便會消失，人們會開始覺得這是自己的責任——千萬別讓球掉到地上。

傑克．威爾許擔任奇異（GE）執行長期間，他始終努力追求更積極的共同當責，或是所謂的「無邊界」，如他所說的：

「公司如果想要達到目標，就必須捨棄邊界。邊界是很要命的。工會是另一個邊界，你必須跨越這個邊界，誠如你必須跨越其他邊界，它們會將你和你的顧客、供應商和同仁們區隔開來。」

有太多人覺得，所謂共同當責的觀念太難捉摸，因為他們向來習慣於只想到一個人的責任，而想不到一個群體的責任。然而，你或許會問，組織內的人真的可以為了同一件事情，同樣的結果去一同負起責任嗎？這豈不是可以翻譯成「沒有人」有責任？絕非如此。

史帝芬．威爾萊特（Steven C. Wheelwright）和金．克拉克

【圖表3.2】個別職責與共同當責

個別職責

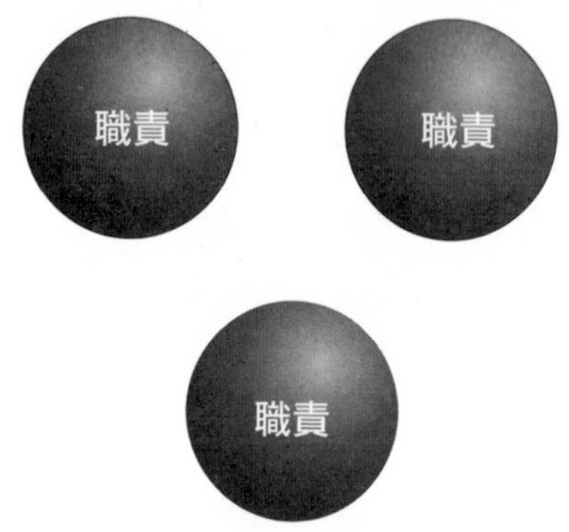

共同當責

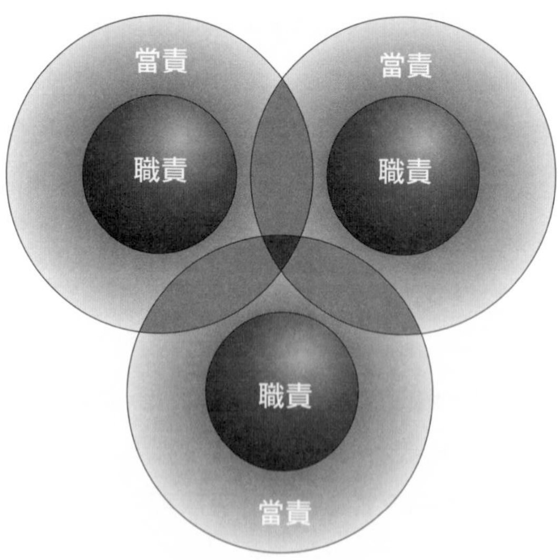

（Kim B. Clark）合著的《產品開發的革命概念》（*Revolutionizing Product Development*）一書談到，當團隊成員了解這種共同當責的概念之後，會形成顯著的策略與競爭優勢。產品開發的核心成員是來自組織內的各個不同部門，當他們組成這支全力投入的團隊之後，他們發現：

每一位核心成員都會頭戴一項功能帽，使自己成為焦點所在，此人同時也是該功能的經理，必須對整體計畫做出獨特的貢獻。

但是，每一位核心成員也都戴著一頂隊帽。除了代表自己的功能之外，每一位核心成員都必須為團隊整體的成果負責。就角色而言，核心團隊和重量級的經理人共同分擔責任，共創團隊的開發流程，共享這些流程所達成的整體成果。計畫的成功是核心團隊的功勞，而如果計畫管理失敗，任務執行不當，無法達成起初協議的績效，那麼該團隊只能責備自己，不能怪罪任何人。

團隊成員的職責，並不等於他們在這項任務中的責任，他們還必須負責這些任務的分派與組織，以及任務的完成。

是的，組織內的每一個人都有責任，但是，除此之外，他們還必須和別人一起分擔共同責任。請各位思考如下的故事：

【案例】共同當責：每一位成員對於最終成果責無旁貸

有一家專門製造洗碗機和其他家用電器的工廠裡，有二條生產線，中間有一整排的貨物處理辦公室和儲藏室將它們分隔開來。每一條生產線在絕大部分的生產過程裡，都是完全獨立的，它們各自發展了特有的營運文化。在生產線組長的領導之下，第一條生產線的工人在線上二十個工作站的任何一個，都可以很快找出組裝錯誤的產品。

每當有人找到組裝錯誤的產品，組長就會立刻找到那位出問題的工人，在眾目睽睽之下，請此人將問題修正，以改善未來的表現。很自然地，線上的每一個其他人在安全假象的保護之下，都會責備那位出錯的工人讓他們的步調慢了下來。

然而，時日一久，人們便開始隱藏自己的錯誤，希望能夠不被責怪，因此在面對組長時，便不願承認錯誤。結果，幾個月下來，生產力漸漸降低，不良品也逐日增加。

第二條生產線的工人發展出一套截然不同的工作文化。工人在一個工作站上出錯時，其他工人便會立刻給予協助，解決問題，而沒有太多討論。每一位工人都是團隊的一部分、擔負著共同責任，對於最終成果責無旁貸，希望能準時交出品質優良的產品。不需要多餘的解釋說明，沒有被害者故事創造出來的安全假象，工人互相幫助，彼此欣賞，很快找出錯誤，但不會因為覺得別人傷害到團隊表現而指責對方。結果，第二條生產線的產量始終很高，不良品趨近於零。

第一條生產線上的工人花了太多的時間在水平線下，責怪別人製造錯誤，大家普遍的言行舉止都像個被害人。相對地，第二條生產線上的工人則是喜歡他們的工作，喜歡彼此合作，覺得很充實，而能夠取得好成果。

組織行為學家可以針對這二種工作文化之間的不同點，說得天花亂墜，舉出數不清的例子來說明成果之間的不同，但我們只看到二者之間的一個根本差異：一邊實行的是共同當責，另一邊則否。

史帝芬・柯維（Stephen R. Covey）在他的暢銷書《與成功有約》（*The Seven Habits of Highly Effective People*）（編按：繁體中文版由天下文化出版）裡提到：

在成熟度的表現上，依賴就代表著「你」——你照顧我；你幫我度過；你沒有熬過來；我因為成效不佳而責怪你。

獨立代表的是「我」——我可以辦到；我有責任；我依靠自己；我可以選擇。

相互依存代表的是「我們」——我們可以辦到；我們可以合作；我們可以將我們的才幹與能力結合起來，一同創造更好的成果。

我們認為，依賴的人需要別人，才能夠得到他們想要的一切；獨立的人自食其力、設法獲得成果，相互依存的人則是二個世界最完美的結合。

所向無敵的工作環境會應用到共依存與共同當責的原理，人們不會害怕負責，而是要教導與輔佐別人，以贏得任何他們正在進行的比賽。每一個人都為自己的成果與表現當責，不過大家也都知道，必須有團隊精神、共同當責，才能夠達成整體的目標。在這樣的環境裡工作的人，責任感會幫助他們，而不會有防礙他人前進的問題。

是的，你必須為自己的錯誤負責，你也知道，這種負責的態度是為了將大家帶到更美好的未來。在這種環境裡，人們花在創造藉口的時間與資源大幅減少，更多的資源會用在發掘問題、願意冒險、發起積極的動作解決問題。學習取代懲罰，成功取代失敗，被害者意識則是讓位給責任感。

在共同當責未能生根的組織裡，難免會有些產品回收、錯失銷售對象，或是超出成本等等問題發生，這時候，你最好睜大眼睛——因為你會看到數不清的冷漠態度和交相指責。時常會有些「不相干」的部門坐在一邊冷眼旁觀，因為該問題落在他們的職責之外、事不關己而鬆一口氣，也因為自己沒有走在危險的路上而心生感激。然而，在一個共同當責的環境裡，每一個人都知道，大多數問題都會超出個人運作的界線，其解決方案都會需要大家的共同參與。

還記得阿波羅十三號（Apollo 13）那一句不朽名言：

「休士頓，我們出問題了。」

你能想像地面上的人面面相覷，等著別人做點什麼事嗎？沒有的事。那幾個字發起了快速的行動。地面指揮中心的人們忙碌奔走，提供太空中的阿波羅十三號所需要的協助，預料可能發生的連鎖效應。

此時，只有一個問題，也就是每一個人的問題，我們必須解決「要如何把我們的人安全帶回家？」

但是共同當責真正的效果如何，你又該如何處理它呢？和你共同當責的人如果陷入被害者循環當中，你如何能夠避免被拖到水平線下？你可能很難找到共同當責，因為它很可能極難創造。

你是否能夠創造人們共同做主以取得成果同時又不會犧牲個人當責的環境？在哪一個時點，個人會因為過於希望協助解決問題造成別人無法加入共同努力？我自己的個人當責是否可能打亂別人的腳步？當每一個人都覺得該為每一件事情當責時，我們可能會在什麼時候走進了迷亂之中？

這些都是很難回答的問題，它們需要很好的答案。

幫助別人「鈴聲響起」

這許多問題的答案都來自完全聚焦於組織內的成果。當每一個人都能夠為了取得組織內的成果而當責，不只是做自己的工作而已，那麼正確的事情就比較可能發生。當人們認為自己的工作和組織想要的成果有直接的關聯，他們的生命就會產生目的與願景，也會變得動機十足。這一切都要靠人們去做正確的事，了解他們在組織內的每一個階層裡，都是為了什麼在做些什麼事。否則，他們就可能會在工作的過程裡迷失，無法聚焦於成果。

我們有個客戶是一家全球銷售集團的領導者，他就正面遭遇這個問題。

這家公司的業務部門還在成長，在這個組織中，人們自然將重點放在過程，在他們的工作方式上。

跑業務的人不斷奔波忙碌，每次離家都要好幾個星期，因此他們開始覺得這個過程讓他們很吃不消，造成他們無法集中精神在最重要的成果上。領導者要如何扭轉這種局勢呢？他要如何讓部門裡的人都能夠時時想到最重要的事——做成生意？簡單地說，他應該如何做，才能使他們不在過程中迷失？

沉思許久之後，他想到一個簡單的點子。

有一天早上，他在辦公室外面的牆壁上裝了一個很大的鈴鐺，整個部門裡的人都可以看到。每當有人做成一筆生意，他就會一再搖響那個鈴鐺。結果真是熱鬧極了！

你可以想像，那個鈴鐺吸引所有人的注意力，不只是在部門內，而是整個公司都看到了。不久之後，每一個人在言談之中，都會用到做什麼事可以讓鈴聲響起（ring the bell）。他們知道鈴聲響的時候，不是因為一些程序或政策、工作流程或態度，而是因為實實在在的成果。

鈴聲可以有各種響起的方式，比方說，從紅利和獎勵到大聲的讚美。在你的組織內，可以做什麼讓人們將注意力集中在可以響起鈴聲的事情？或許這是領導者最大的挑戰，尤其是在今日以科技驅動而且步調快速的環境裡，這件工作更是困難。周遭的噪音太大，太容易淹沒了鈴鐺清亮的聲音。

面對繁雜的活動，為了讓我們的組織將焦點放在成果上，我們會時常談到必須讓鈴聲響起。新的計畫一開始，我們會先討論，到了計畫的最後一天，是什麼會讓鈴聲響起？我們的同事把這句話轉譯為：

「我們知道，要讓事情成功，我們要做的事情很多。我們也知道，有些事情極端困難，也很可能嚴重考驗著我們的團隊，但是，如果最後我們得不到這個最重要的成果，我們就一事無成。」

同樣地，當責的起頭，就是清楚定義你想要和需要達成的目標是什麼，毫無例外。

在本書第一部的每一章裡，我們致力於使大家看到，我們的社會如何鼓勵個人在水平線下尋求保護，造成人們不願為自己的行為負責。這麼做可能會製造一種安全的假象，但是這個假象很容易遭到現實的粉碎。

應用奧茲法則當責的好處

從奧茲法則的角度來看待當責並非沒有代價。你必須放棄找出誰是罪魁禍首的怪罪遊戲，以及當你責怪他人時所帶來的安全假象。你還必須更有能力教導自己與他人，你必須學著讓別人當責，讓自己和別人都是共同當責之中的一份子。

然而，在我們的經驗裡，你得到的好處將遠遠超過你所付出的代價。當人們躲在水平線下的被害者循環，必須隨時為自己解釋，無休無止。

然而，你省下這些找藉口的成本；你不需要承擔由於缺乏作為而造成成果不佳的代價；你避免所有可能落地的球——因為，這些球遲早都得有人去撿起來。同時，如果你必須隨時監督每一個人，看到每一個細節，便會造成管理浪費，這些，你都省了下來。

以奧茲法則落實當責，究竟有什麼好處呢？

【案例】克服困境，讓美夢成真

丹尼斯·安提諾利（Dennis Antinori）是一家大型醫藥產品

公司的業務副總，這家公司的前身是艾維醫療系統公司（IVAC Medical Systems Inc.）。當時他焦急地等著一個全美銷售會議，其中公司將會發表幾項新產品。在會議之前二個月，丹尼斯聽說新產品將會拖延整整一年。這個消息有如晴天霹靂，因為他必須面對三項嚴重的挑戰：

1. 如何讓自己維持在水平線上，而不責怪新產品開發部門造成眼前的狀況？

2. 如何幫助他的業務管理團隊維持在水平線上？

3. 如何協助他的業務經理在這種缺乏新產品的情況下，還能夠讓業務代表們全力投入、達成業務目標？

丹尼斯已經學會如何在水平線上運作，對當責也有了新的看法，於是約見他的十八位業務經理，重新審視他們的情況。這些業務經理理直氣壯地停駐在被害者循環裡，可以說出一百個覺得被公司出賣的理由，但是丹尼斯刻意將討論的重點移到水平線上。從水平線上望去，達成業務目標的障礙看來依然堅固，但已經不是無法克服。

他問：「面對我們的阻礙，而且毫無疑問地我們得去面對它們，我們還能做些什麼，來超越這些環境，取得我們想要，以及公司需要的成果？」剛開始這個問題讓他們大吃一驚。

「沒有新產品，」他們問：「你怎麼解決新產品的問題呢？」

「那不是我們真正的問題，」他說：「我們真正面對的問題是業務問題，而不是新產品的問題。如果你願意接受這個現實，我們今年就是沒有新產品，公司還是需要我們達成預算目標。光是怪罪新產品部門的人是沒有用的，你還是必須達成今年預算的業務量。」

經過冗長的討論之後，這個團隊終於爬到水平線上，開始問道：「今年雖然沒有新產品，我們還能做些什麼來達成今年的業務目標？」

在這次會議之後的幾個月，丹尼斯．安提諾利和他的業務經理團隊找到許多全新而有創意的方法來刺激銷售，以達成年初所設定的業務目標。到了年底，業務單位交出了一張令人驚艷的成績單；是該公司歷年來的最佳紀錄，比去年增加了15%的業務量。

在那一次的當責教育之後一年，就在下一個全美銷售會議之前幾個星期，丹尼斯和他的業務經理團隊開會。

討論中，丹尼斯問他的團隊：

「去年對我們的業務成績貢獻最大的是什麼？」

他細數道：

「每一個人都覺得我們採取了水平線上的方法來面對問題，沒有浪費時間去責備新產品開發部門，讓我們自己接受挑戰，尋找積極而非負面的解決方案，加以執行。鬥牛攻過來的時候，我們抓牢牠的角，將牠摔到地上。我們集中精神，而不是感到挫折，我們克服了困境，讓美夢成真。」

你希望因當責而得福，或一無所獲？

無論哪一天，我們在看報紙，聽廣播或看電視新聞時，都可以發現奧茲法則現身，卻對它視而不見。事實上，我們決定選一天，來測驗這個理論，找遍報紙，看看奧茲法則如何獲得彰顯（或被視而不見）。

我們選的這一天是美國報稅截止日——四月十五日，翻遍《華盛頓郵報》（*Washington Post*）、《洛杉磯時報》（*Los Angeles Times*）、《倫敦泰晤士報》（〔*London*〕*Times*）、《波士頓環球日報》（*Boston Globe*）、《華爾街日報》，以及《紐約時報》。在《洛杉磯時報》上，我們看到一個有關左旋色胺酸（L-tryptophan）和貝希・狄洛莎（Betsy DiRosa）的報導。邊讀讀如下的選錄報導，你也許可以花個一分鐘時間，想想誰該當責，誰又可能更該當責。

【案例】非處方藥左旋色胺酸的受害者

中小學教師貝希・狄洛莎（Betsy DiRosa）購買非處方藥（OTC，over-the-counter，開架成藥）左旋色胺酸（L-tryptophan）做為安眠藥之用❷。

她在服用二年之後，皮膚開始長水泡、關節與肌肉痙攣、手腳疼痛，甚至連心臟和肺臟都受到傷害。狄洛莎和成千上萬其他左旋色胺酸的受害者，都有這些症狀。該藥在一九八九年開始，禁止在全國超市開放式貨架販售，成為全美矚目的焦點，因為有一千五百件訴訟案是由嗜伊紅性白血球肌肉疼痛症（EMS，eosinophilia-myalgia syndrome）的患者所提出，他們指稱這種令人身體衰弱的疾病是出自於左旋色胺酸的毒手。

這個星期，現年四十二歲的狄洛莎成為全美第一個贏得訴訟的原告，被告則是日本藥商昭和電工（Showa Denko K.K.）❸，然而狄洛莎和她的律師卻感到很失望，因為陪審團所核定的賠償是一百多萬美元，而他們求償的數目卻高出許多。」

她對陪審團的判決感到很不悅，說她在看到新聞報導說有些在新墨西哥州的人服用左旋色胺酸而產生輕微狀之後，她都還在繼續服用該藥。

狄洛莎表示：

「沒有人提到回收左旋色胺酸的事，我也沒再見到任何報導。左旋色胺酸還在開放式貨架上，放眼望去並沒有任何警告標識。我一點都不覺得該為我現在發生的慘狀負任何責任。那真的是我的錯嗎？」

狄洛莎求償一億四千四百萬美元，結果昭和電工在和解中，願意賠償的金額低於一百五十萬美元。陪審團認為狄洛莎也要負部分責任，因為新聞報導該藥的危險性之後，她還繼續服用。

該案終結之後，昭和電工的律師約翰・奈罕（John Nyhan）表示：

「審判結果應該可以讓原告與原告律師們明白，陪審團不相信公司應該為此舉遭到懲罰。」

但是，根據狄洛莎的律派崔克・麥柯密克（Patrick McCormick）的說法卻是：

「錯誤已經造成。我們明白表示昭和電工製造了一種有瑕疵的產品，它未曾得到美國食品藥物管理局（FDA，Food and Drug Administration）的許可，而造成嚴重的傷害。」

和大多數被害者故事一樣，兩造各說各話——原告狄洛莎和被告昭和電工其實只要多點努力，就可以避免悲劇的發生。昭和電工在產品行銷之前，應該要經過比較多次的測試，以取得食品藥物管理局的許可。狄洛莎在聽到該藥品可能有問題之際，便應該停止服用。陪審團正確地判決昭和電工生產一種問題藥品，不過坦白說，狄洛莎得到的賠償金額似乎不大恰當，因為左旋色胺酸對她所造成的痛苦，以及她此後餘生必須繼續忍受的一切並未得到足夠的補償。然而，陪審團是根據「狄洛莎原本應該可以怎麼做？」的原則進行判決。

讓我們思考另一個例子。

【案例】產品遭千面人下毒，該怎麼辦？

一九八二年，嬌生集團（J&J，Johnson & Johnson）止痛藥超效泰諾膠囊（Extra-Strength Tylenol capsules）遭下毒引發消費者恐懼。有多少人在剛聽到有人服用該藥竟然往生的消息之後，便不再購買並使用該產品？有多少人在等著產品回收之前，還在服用？依我們看，負責任的消費者應該立刻禁止服用和購買泰諾膠囊，一直等到嬌生向他們確認，該公司已經去除該藥品造成傷害的危險性，再恢復使用。（編按：一九八二年九月二十九日，泰諾膠囊在芝加哥遭千面人注入氰化物劇毒造成七人往生。時任嬌生集團總裁的詹姆斯．博克〔James E. Burke〕迅速決定：1. 呼籲消費者切勿服用與購買；2. 在美國全面停產、產品下架回收與銷毀；3. 三個月內更新包裝，以錠劑取代膠囊，設計難以被汙染的三層新包裝重新上市。迅速、果斷、負責的處理方式，日後成為企業危機管理的經典案例。）

狄洛莎的故事彰顯了奧茲法則的一個重要層面：即使當我們真的被害，就像貝希．狄洛莎一樣，但我們還是可以為自己遭遇中的某些層面當責。確切的說，你可以是個百分之百的被害人，但是它發生的頻率也許遠低於你的想像，或是遠低於你想要相信的程度。

在《波士頓環球日報》上，我們看到一則充滿洞見的報導，內容是關於二位擔任衝突管理員的六年級學生雪若．毛德（Cheryl Mauthe）與凱麗．麥馬諾絲（Carrie McManus）：

> 六年級的雪若．毛德和凱麗．麥馬諾絲戴上粉紅色的棒球帽，在吉普森小學（Betty Gibson School）校園的操場裡巡邏時，目的是為了「找麻煩」。這二位女孩擔任的是衝突管理員，那是布蘭登小學（Brandon Elementary School）的活動之一，當學生下課時，幫忙學校同學緩頰不屬於肢體衝突的爭執。
>
> 雪若說：「我們是在用心讓操場變成一個更安全的地方，這種感覺很好。」
>
> 凱麗接著說：「我們是在幫助人們，不要讓他們打起架來。」
>
> 這些衝突管理員從三月八日開始在校園裡巡邏，他們不是要嘗試解決所有問題，不是來選邊站或是勸架。他們學會告訴爭執中的學童，可以如何解決問題，如何避免未來的爭鬥，設法為每一個涉身其中的人達成協議。」

這種水平線上的行為，真是了不起！如果我們校園操場裡的孩子們都可以教別人啟動對談，而非吵架，鼓勵那些發生衝突的人找出自己的解決方法，而且不把衝突當成校園生活的汙點，那麼，今天我們的中小學將產生何等的改變？

這些例子全出現在同一天。你在閱讀或留意今天的新聞時，自己找找有哪些例子是因當責而得福，而哪些則是一無所獲。不久你就會發現，幾乎在人類行為的每一個層面，都需要用上奧茲法則。

準備走上當責步驟

本章從頭至尾都在重新定義當責，以及闡釋這個新的定義可以如何幫助你，使你更能夠認清水平線上與水平線下之間的區別。我們以如下一則故事來簡述本章的所有重點。

【案例】從怪罪、困惑，到當責、做主

在一九九〇年代初期，蓋登心律管理公司（Guidant Cardiac Rhythm Management，以下簡稱蓋登公司）決心全力以赴開發新的產品。多年來，蓋登公司都沒再開發出像樣的新產品，至於業界的看法則是，該公司無法走出屬於自己的一條路。當時的總裁傑・格拉夫（Jay Graf）形容該公司為：

「以每小時九十哩的速度開在滑溜的冰雪之路上，衝向懸崖，因為沒有人願意為當時的困境負責，更糟的是，沒有人真的了解情況有多糟。」

許多人都看到該公司的競爭困局徵兆已現，然而他們還是將注意力集中在「應付成長」上，不願意承認迫在眉睫的產品開發問題可以輕易將他們打入水平線下。

格拉夫已經預見競爭對手可以在二年之內，便攀升到業界的龍頭地位，他也擔心他們持續引進品質優良的新產品，會創造一種「跳蛙」比賽，造成蓋登公司必須採取防守態勢，造成自家產品一進入市場便成為陪考生。

當蓋登公司開始正視問題，經營團隊注意到，每當工程師在設計一項產品時，總會有人要求附加某一項特性。工程師一定會在加上這項附帶特性之後交差，然後就會有人再要求另一項特性。管理階層清楚看見，蓋登公司如果繼續屈服於這種他們稱之為過度完美主義（creeping elegance）的作風，他們就絕對無法開發出新的產品來。

整個公司認清這個根本問題之後，便開始用實質的行動去面對它。他們還經常進行計畫檢討會議，給新產品開發部門的人員提供較為及時的指導與方針。此外，他們還實行一種新的系列企畫制度，在「參賽者」和「溜冰者」之間做出區別，前者代表的是願意為成果當責的人，後者則是例行地為拙劣的成績找遍藉口。

最後，他們讓蓋登公司上上下下都加入這種組織轉型的過程之中，將公司的文化從過去「怪罪、困惑與自滿」的特色，變成「當責與做主」。接下來幾年，蓋登公司為開發新產品當責。整個組織的裡的人都不再只是針對產品開發的策略做出反應。他們對著一個新產品的概念校準，然後交出成果。幾年之間，蓋登公司成為管理階層所謂的新產品開發機，在十四個月之內交出了十四樣新產品。

有趣的是，根據蓋登公司的人力資源副總鮑伯．蘭道（Barb Reindl）的說法：

「儘管新產品的開發已經成為我們公司重要且值得依靠的力量，今天的市場已經迥異於一九九〇年代初期。光是擁有良好的技術是不夠的。」

在一九九〇年代末期，蓋登公司努力製造最小又最複雜的心室除顫器（defibrillator），許多員工「被強制加班將近一年，因為他們相信這項產品對該公司的績效必然產生極大的影響。結果這項人們寄予厚望的改革性產品，只在市占率激起一個小小的漣漪而已，蓋登公司的管理高層驚訝莫名。」

傑・密勒哈根（Jay Millerhagen）是治療心臟衰竭醫療用品事業部的行銷主任，他說明蓋登公司由於視野狹隘，因此該公司會在引進一項新產品之後，便袖手旁觀地說：「真難理解。我們為什麼沒有變成市占率的第一名？」

「這真是一記醒鐘，」戴爾・休罕（Dale Hougham）說，他是品質保證部門主任。「我們向來認為最佳技術就會讓我們站在頂尖地位，但是這項信念已經遭到粉碎。還有更多別的東西。」在十年之內，現實二度正面痛擊蓋登公司。

管理階層再度當責，改變他們看待業務經營的方式。他們開始從病人和顧客的角度思考他們的業務，而不只是使用內部的研發觀點。他們以病人和顧客為先，強調後者在蓋登公司裡，也扮演了一個要角。他們在整個公司裡活化了這個觀點，而且創造了極強的情緒張力。

此外，蓋登公司將重要研究的成果當成激勵顧客與員工的方式。該公司率先支援心室除顫器的臨床試用。有一項大型試用活動的結果找出了許多需要心室除顫器的病人，但是只有五分之一的人真正擁有這項產品。

珍娜．貝卡（Janet Babka）是資訊與科技品質的主任，她表示：「最近的一項研究顯示，還有更多人需要這個除顫器。如果他們什麼都不做，高危險群取得這個儀器的數字就會更低。」蓋登公司看清楚眼前的悲劇，於是群起行動。「他們不再只是注意自己的產品和競爭對手有什麼不同，而是開始注意比較大的問題——人們因為缺乏治療而枉死，他們努力去改變這項現實，結果也改變了業界的動態。」

蓋登公司開始航向「重新認識競爭，除了好的產品，還有優良的行銷、服務、技術支援、訓練、以及商場上的每一個其他的層面。他們開始把重點放在做好二十件事情，而不只是兩、三件事而已。」

最後，蓋登公司開始設法改良它傳遞出來的訊息，以及它的銷售制度。他們為自己在市場上的形象當責。專家都會證實蓋登公司的產品比較好，但是，大家也都同意蓋登公司並未傳遞出這個訊息。蓋登公司終究承認偉大的技術無法把自己銷售出去。今天，每一個策略都一定會加上這句話：「而且，要為這一切當責。」

至於它的銷售制度，十七年之間，蓋登公司在美國的業務部隊擴張了五倍之多——從一九九七年的二百一十五名業務代表，增加到了二〇〇三年的一千一百三十四人。

走上當責步驟

要走上當責步驟，並且停留在當地，會需要花費時間和心力，有時候還會受到情緒上的傷害，但是我們沒見過哪個人或是組織在經歷過水平線上的生活之後，還會想要回到被害者循環之中。你可能會滑上一跤，然而，你知道自己已經滑倒，你會在跌得更深之前，拉自己一把。

在第二章裡，我們提出一些陷入被害者循環的警訊，幫助你認識水平線下的行為態度。為了幫助你留在水平線上，我們將以一些當責步驟摘要做為第三章的終結。在第四章裡，我們會提出各種當責步驟。

如下線索暗示的是當責的態度行為，你可以觀察這些情境，增進自己停留在水平線上的能力：

【當責祕技】增進自己當責態度與行為的九個情境

- 你喜歡別人對你的表現提出坦誠的意見。
- 你從來不要任何人——包括你自己——對你有任何隱瞞。
- 你可以承認現實，包括它的一切問題與挑戰。
- 你不會浪費時間或精力在你無法控制或影響的事物上。
- 你總是百分之百投入自己所從事的工作，同時如果你已經開始倦怠，就會努力重新拾起精神。
- 你為自己的際遇與成果做主，即使它們看起來不大可愛。
- 你知道當你落入水平線下，會迅速行動，以免陷入被害者循環。

- 你喜歡每天都有機會讓自己的美夢成真。
- 你總是問自己這樣的問題：「我還可以做什麼來改善我的環境，取得我想要的成果？」

當你的思想行為如上所述，你就是處於水平線上。超越你的際遇，取得所要的成果，這就是奧茲法則的靈魂，一如法蘭克・包姆的奧茲國所實行的賦權法則。

---

❶ 編按：目前所羅門美邦公司已不存在，業務已拆分為日興所羅門美邦（Nikko Salomon Smith Barney）和花旗環球金融（Citigroup Global Markets）。

❷ 編按：左旋色胺酸在人體內轉化為血清素，血清素再轉為褪黑激素。血清素可讓人放鬆、褪黑激素具有鎮靜效果，因此，左旋色胺酸被認為有助於入眠。

❸ 編按：昭和電工為了節省成本，以基因改造的菌種大量製造的左旋色胺酸，製程中遭汙染的左旋色胺酸製造相關產品，釋出的毒素造成EMS症。

第2部

個人當責的力量

——讓自己走到水平線上

當責的四個步驟是：正視現實、承擔責任、解決問題、著手完成。它們能夠像編織壁毯一般，編寫出事業成功的劇本，絕無例外。在第二部裡，我們檢視當責的每一個步驟，一次一步幫助你了解，進而內化並運用每個步驟。你將學習如何凝聚勇氣正視真相，接受現實；學習如何找到自己的心，無論情況如何艱難，都能認清自己所處的環境；學習如何獲得智慧解決問題，或克服橫阻眼前的障礙；確實運用這些方法，達成你的目標。

第4章 膽小獅

凝聚勇氣，正視現實

「你們認為魔法師奧茲能給我勇氣嗎？」膽小獅問道。

「就像他能給我頭腦一樣容易，」稻草人說。

「或像給我一顆心一樣容易，」錫樵夫說。

「或像送我回堪薩斯一樣容易，」桃樂絲說。

「那麼，如果你們不介意的話，我要和你們一道去，」膽小獅說：「因為沒有一點勇氣，我簡直就要活不下去了。」

——《綠野仙蹤》

法蘭克·包姆

承認困境總是需要勇氣，即使是某一個行業的龍頭機構，往往都還很難辦到。先靈葆雅藥廠（Schering-Plough）（編按：二〇〇九年由默沙東〔MSD，Merck Sharp & Dohm〕購併）回收將近六千萬個支氣管擴張劑，因為其中有些產品缺少能夠減緩氣喘所需的活性成分。批評者如公共健康研究小組（Public Citizen's Health Research Group）的主任希德尼・伍爾夫（Sidney Wolfe），就稱之為不良管理與粗製濫造。

先靈葆雅的生產管理向來嚴謹，但是，近年來卻開始讓市場分析師和股東感到訝異，最後連消費者都大吃一驚，因為它產品回收的數字持續增加，加上美國食品藥物管理局（FDA，Food and Drug Administration）的罰款和制裁。顯然管理階層花了大筆的金錢去行銷與販售像抗過敏藥開瑞坦（Claritin）這種賺大錢的產品，而延遲了廠房的升級，同時又太過依賴舊有生產體制的力量。所幸先靈葆雅的管理高層展現了我們希望在所有的公司都能夠看見的勇氣。

執行長理查・柯根（Richard Kogan）告訴股東：

「我會負起所有責任，在很短的時間之內解決這些問題，保住FDA對我們的信心。」

他發起一項生產改造計畫，組織一個世界性的品質管制小組去處理品質問題，實施技術升級，增加數百名品質控制人員和科學家，以便讓這項改變可以持續下去，並且成立一個檢討委員會，其中包括一位FDA的前任官員，以便監管有關FDA的法令問題。恭喜先靈葆雅、理查・柯根和整個管理團隊。看見真相，承認錯誤，認清改善的需要，這些都需要勇氣，也是走到水平線上的第一步。

認清事實並不容易，你不可能在一夕之間辦到，然而，如果你能一次採取一個步驟，就可以快速到達彼岸。在你開始採取水平線上的第一個步驟時，請記得奇異公司執行長傑克．威爾許所說的話，他為管理所下的定義就是「正眼面對現實，並以最快的速度採取行動。」

水平線上的第一個步驟

即使最有能力當責的人也難免偶而陷入被害者循環當中。有時候，原本很有當責力的人也會遭遇到某些挑戰。然而，無論你是隨時處於水平線下，或只是困於較為棘手的問題，你仍然必須採取第一個步驟，踏出被害者循環，亦即承認自己已經陷入拒絕認錯的循環當中。你需要勇氣來正視自己所處的困境，不管實情看起來多麼令人不悅或不公平。沒有這項體認，就別想做出有效回應。

誠如英特爾（Intel）創辦人之一葛洛夫在《財星》雜誌的一篇文章上說的，每家公司至少都會有一次面臨歷史上的轉捩點，它必須大幅提高公司的整體表現，進入另一個層次。錯失了這一刻，它就會開始走下坡，關鍵就在於——勇氣。

像安隆、世界通訊公司和安達信會計師事務所這樣的巨人，它們在各自的全球市場中，都曾經被視為不可撼動的領導者，結果卻在一夕之間隕落。在很短的時間內，有成千上萬的人因為相對少數人的行為不當而受害。然而，在這一片泥濘當中，還是有許多勇敢的人大膽採取行動，正視自己的現實處境，以避免發生更進一步的災情。例如，《財星》雜誌曾經訪問時任勤業眾信聯合會計師事務所（Deloitte & Toche）執行長的吉姆．柯普藍（Jim Copeland）。在這次頗為私密的訪談之中，《財星》的記者捕捉了這位執行長在選擇面對現實時的精髓：

一月初的一個午後，電視新聞的跑馬燈字幕提到安達信在休士頓的辦公室員工銷毀了千萬分與安隆相關的文件，柯普藍看見之後開始覺得反胃。他的直覺告訴他，所有民眾的憤怒，政府的調查和媒體緊迫盯人的採訪，全都會轉向安達信，並且蔓延到會計業的其他人。

柯普藍知道他的公司躲不掉人們的檢視與批評，於是鼓起勇氣正視眼前的處境。其中一個他必須面對的艱難局面，就是必須將顧問服務和會計及審計分開，而顧問服務卻是該公司獲利極豐的部門。長久以來，德勤都把顧問和會計服務綁在一起，因為這種自然的組合對客戶最有利，公司也致力於維持這項策略，直到有一天，該公司在美國的顧問服務經理明諾．辛格（Manoj Singh）來到柯普藍的辦公室，情況才發生改變。

《財星》報導了這個關鍵時刻：

辛格剛知道有個審計領域的大客戶終止了一項使用德勤顧問公司（Deloitte Consulting）服務的合約，那是一個數百萬美元的重整與降低成本的研究。客戶耽心在未來會產生衝突。柯普藍哀傷地點了點頭，拿起了電話，他撥電話給道格拉斯．麥克雷肯

（Douglas McCracken），那是德勤顧問的總經理，也打電話給威廉．派瑞（William Parrett），他負責德勤美國的會計、稅務與各種相關服務。那天下午，四個人——柯普藍、麥克雷肯、辛格和派瑞——鎖在會議室裡五個小時。柯普蘭還記得，他們走出會議室時，人人眼中含著淚水。他們開始打電話，和世界各地的合作夥伴進行馬拉松式的多方會談。他們的訊息很簡單：這種一家公司的模式已經死了，最後將會計和顧問分家。

這個消息公布之後，全公司朝水平線上邁出了一大步。

為何人們無法正視現實？

人們之所以無法面對現實，最常見的原因是，他們寧可忽視或是抵抗外在環境的改變。例如，《華爾街日報》曾經報導：

康妮．普魯特（Connie Plourde）任職於AT&T位於加州的沙加緬度（Sacramento）分公司，去年，她和其他的業務代表，都不再擁有自己的辦公桌。公司配發筆記型電腦、手機和攜帶式印表機，並要求他們在家中或客戶的辦公室裡，創造所謂的「虛擬辦公室」。這項新措施對這位相當外向的資深員工來說，並不容易適應。她已經在AT&T工作十九年，她喜歡辦公室同仁意氣相投的感覺。

康妮回憶道：「在處理房產的人員進來拆除辦公隔間之前，我們還是習慣到辦公室工作，因為那的確是個舒適空間，我覺得。」但如果你期待「美好的昔日」能夠回來，而忽視或拒絕面對這樣的改變，你很快就會被拋入水平線下。

唐布街（Dun & Bradstreet）房地產公司的麥可．貝爾（Michael Bell）是致力於推動這項改變的公司房地產經理人，他很訝異AT&T這項居家就業的工作方式為何遭遇到如此強烈的反彈。為什麼人們看不出來「辦公室不應該是讓你進來、坐下、盯著電腦螢幕，或是整天講電話的地方。如果你想這麼做，就在家裡做好了。」

過去那些一路爬上來的公司決策者，都是以辦公室的大小和地點來衡量個人權勢的人，就連他們都還沒有足夠的心理準備去擁抱貝爾先生所謂美國公司內的「解除不動產」（un-real-estating）政策。無論如何，對那些已經身陷市占率大戰的公司來說，抵抗這個趨勢，無疑將削弱它們的競爭力。

安永聯合會計師事務所（Ernst & Young）房地產部門的主任賴利．艾柏特（Larry Ebert）認為，這種辦公室的變化，將會面臨許多「文化上的阻力」。然而，如果這種改變無法避免，那麼那些抵抗它的人，也將難免淪於失敗的命運。

為何人們不願面對現實，不願為眼前的實境負責？要闡明這個現象，就得想想目前的家庭「功能不彰遊戲」（dysfunction game）。大多數人都同意，家庭環境會影響到人的習慣，然而，有許多不成熟的大人卻將自己的悲慘命運怪罪到童年時代，說是家庭失去功能，這不僅是一種時尚，甚至是有如流行病一般。

衝動型購物狂、奇特的性癖好、飲食習慣不良、酗酒、虐待配偶與兒童、工作狂、個性失衡、不自禁地想要取悅他人的欲望？

「這不是我的錯，都怪我的原生家庭不好。」

從《歐普拉》（*Oprah Winfrey*）到《傑瑞史賓格》（*Jerry Springer*）這類的脫口秀（talk show）節目，他們日日挖掘著美國人玩弄「功能不全遊戲」的嗜好，散播著一個概念：「沒有人需要為自己的問題負起全責」。這類節目紅透半邊天，顯示全國觀眾多麼樂於聽見別人談起自己受害的故事。

結果，有許多電視觀眾就利用這類受害者的故事，為自己水平線下的行為辯解，使得怪罪他人的遊戲成為全國性的休閒活動。畢竟，根據普受歡迎的演說家與作家約翰．布萊德蕭（John Bradshaw）的說法，全美有96%的人口是來自「功能不全」的原生家庭。

我們都同意，原生家庭問題會在人們的童年過後許久依然陰魂不散，但我們仍無法認同布萊德蕭的說法，不是因為我們質疑其比例不正確，而是我們如果依賴這個比例，全美就會有96%的人不用為自己目前的行為負責。想想美國人之中，有96%的人可以將自己的問題歸罪於原生家庭功能不全，如果你想到這點就覺得獲得安慰的話，或許你也已經陷入被害者循環之中。

哦，你可以正正當當地覺得，你的童年就是罪魁禍首，但是，你在埋怨的過程當中，便無法主宰自己的生命，採取行動解決問題。就這點來說，目前這種「功能不全」的流行時尚，讓我們更清楚看到，人們無能也不願承認自己應該當責。

的確，這整個功能不全的運動，如果不是嚴重危害到我們國家的幸福，那就會讓我們覺得還滿好笑的。比方說，一九九二年《華爾街日報》的一篇報導裡，如今已然作古的眾院銀行（House

Bank）為款項透支所提出的許多藉口：

1. 俄亥俄州的民主黨眾議員瑪麗・蘿絲・歐克（Mary Rose Oakar）曾是眾院行政委員會的一員，該委員會負責監督眾院銀行的透支情形，結果她卻造成了二百一十七筆的透支款項，她的說法是：「我來到眾院時，他們沒告訴我其他可以拿到支票的方式。」
2. 紐約州民主黨眾議員羅伯・莫瑞柴克（Robert Mrazek）有九百七十二筆透支款項，他說：「我的支票從來沒有被退票過。」
3. 明尼蘇達州的民主黨眾議員提姆・潘尼（Tim Penny）將自己款項透支的問題怪罪到他的辦公室主任身上。
4. 紐約州的另一位民主黨眾議員艾多非斯・湯斯（Edolphus Towns）有四百零三筆透支款項，他卻將之歸咎於一位前任員工的盜用公款。
5. 喬治亞州的共和黨眾議員紐特・金瑞契（Newt Gingrich），他也是眾院共和黨黨鞭，他認為自己款項透支「沒什麼大不了」。

我們認為這些人都是我們選出來的官員，因此應該要表現出比較像樣的責任感，當我們的模範，所以會覺得這些藉口是大事一件。做不到，就是單純的表示他們缺乏勇氣。那些淪落在被害者循環裡，而且無法面對現實景況的人而言，需要很大的勇氣才能做到：

1. 認清自己已經落入水平線下；
2. 了解停留在水平線下不僅無視於真正問題的存在，還會導致更嚴重的不良後果；
3. 正視現實並接受現實，這是當責的第一個步驟。

要認清水平線下的行為，要面對你的現實狀況，這都是需要勇氣的。無法聚積勇氣，便會導致不願為更大責任與成果付出代價。在大多數棘手的情境裡，私底下人們都知道，承認現狀意味著他們必須改變某些事物，而那是我們許多人都會害怕甚至抗拒的事。

要有所改變，通常必須先從不同的角度去看待現況。而從另一個角度看待現狀，就表示你必須坦然承認自己做錯事，承認自己可以做得更多卻選擇不做，或是決定既然自己束手無策立即置之不理繼續向前。既然你可以逃走，又何必解決問題？例如，對於那些真正落入罪犯手中的被害人而言，也許就表示你不能容許那次的事件影響到你一生前進的腳步。畢竟，在真正受害之後，要跳脫你目前的處境，最好的復仇就是想辦法獲得成功。

要有嶄新的作為，往往必須做些自己不喜歡的事，比方說，面對自己始終躲避的事情勇敢冒險，或是面對一個自己始終視而不見的人或事。

以芝加哥為據點的哈特馬克斯（Hartmarx Corporation）是男士服裝的製造商，該公司的董事會不願面對執行長哈維·溫伯格（Harvey Weinberg）無能的事實，而造成一連串的虧損，累計高達三億二千萬美元，直到此時，董事會才迫使溫伯格下台。

根據《華爾街日報》的報導，董事會不願早些採取行動，因為它「不想讓人家覺得操之過急。」不幸地，這種「等等看」的態度，使得該公司股票的市值從六億美元跌到二億美元，真是「功不可沒」。

面對這種真相並不容易，因為這表示你必須脫離被害者故事的保護傘。留在水平線下似乎安全得多，但這只會給你一種安全的假象，因為你終究必須因為自己的無所作為而付出代價。當你允許自己坐視自己的困境，當你不採取任何行動、拒絕學習、否認自己也有責任、不認錯、逃避現實、沉醉在被害者故事帶來的同情，不尋求能夠取得成果的其他事物，這樣的行為就會讓你一事無成。要走到較佳所在，要改善自己的狀況，要解決問題，你就必須放棄水平線下的安全假象，冒著應有的風險，想辦法走到水平線上。

當你遭遇到困難的情境，問問自己，你是要留在泥淖之中？或是嘗試突破，將自己從困境之中抽身？即使是成癮的被害者，都會希望改善自己的生活，但取得突破通常需要你和過去的行為與態度做出切割。這表示任何覺得自己受害的人，都必須將自己的被害故事擱在一邊，取而代之的是一種看清事實真相的意願，絕不能受到水平線下的安全假象所包圍。

無法正視現實的後果

柯達公司（Kodak）的前任財務長克里斯多福・史帝芬（Christopher J. Steffen）上任不到三個月便離職，他的離去揭露董事會力量的日漸薄弱。他們必須及時評估公司的需要，面對現實。根據《華爾街日報》報導：

管理專家說，今日全國各地的董事會都有著沉重的壓力，必須盡速填滿最高階層的職位。有時候董事會無法評量一位新任的高階主管——尤其是直屬於執行長的階層——是否能夠和現有的高階經理人相互配合。根據該文，就柯達的例子來說，史帝芬的去職「使得該公司股票的總市值掉了十七億美元。

未曾面對現實（尤其是在董事會的位階）會造成嚴重的後果，有時候惡果是以迅雷不及掩耳的速度出現。

最近，我們有一位客戶就因為未曾正視現實而遭遇到無情的惡果。這是個真實的故事，但由於該故事的內容敏感，同時，由於我們想要保護牽涉其中的個人隱私，這則故事裡的人名等等都是化名。

【案例】逃避現實，深陷被害者循環中

提姆·蘭利（Tim Langley，化名）是CET保險公司（化名）總裁及執行長。那是一家總市值四億美元的保險公司，最近剛聘請傑德·賽門（Jed Simon，化名）為經銷副總裁，希望能夠在短期內解決業務萎縮的問題；而從長遠來看，則希望能夠建立一個世界級的經銷機構。蘭利相信自己聘請了一個最理想的人選，同時在第一年過去之後，很難得地為賽門的工作做了年度檢討，甚至暗示這位部屬有一天可能超越他，而成為公司的執行長。

賽門進入CET之後，便引進一種組織強化計劃，在全公司

的承銷業務上，創造包容度與生產力，因此迅速改善業務狀況。此外，賽門制定新的政策手冊，雇用新人，增強公司迎向未來的能力。由於他的行動，公司得以超越它所有的年度目標，因此蘭利褒獎賽門為「業界最佳的經銷副總」。

接著一年結束，新的年度即將開始，蘭利將他的重心從業務轉移到品質服務；賽門的一世英名幾乎毀於旦夕之間。他在第二年得到的工作評論和前一年形成強烈的對比，而幾乎將他逼到牆角。在蘭利眼裡，賽門無視於CET業務人員的重要意見，他們認為公司的服務品質令人不忍卒睹。根據業務人員的說法，不良的服務品質讓他們無法維持與提升業務績效。

我們剖析問題的癥結，發覺賽門在回應業務人員的意見時，他的態度是陷入深刻的被害者循環之中。他如此形容自己的感覺：

我怎麼可能得到這種評語？我從來沒拿過這種成績。這些業務員又懂得什麼？他們連一季的業務預測都做不出來。他們只會攻擊人！他們只要保證自己的營業額，從來沒有比較遠大的目標。他們甚至沒看到月報上面的結果，顯示客訴數字已經減少，業績已經上升。此外，我們甚至在很多新產品尚未成熟之前，便已提前推出，結果我們除了做自己的工作之外，還要負責產品開發的工作。你知道嗎，我真的覺得蘭利太自我中心，他一定覺得受到我的威脅。去年他對著我和許多其他人說，我是業界最優秀的副總裁。他甚至說，總有一天我會超越他。現在，他又說我簡直一無可取。我覺得他根本不知道自己想要什麼。每次我一轉身，他就換個重點。有問題的人是他，而不是我。

賽門的看法並非完全不對，他顯然是陷入水平線下的泥淖之中，拒絕正視自己的現狀。他經過一連串的推論，說服自己，服務品質不佳的問題不該落在自己肩上。更糟的是，他認為自己目前的行動很有生產力，妥當合宜，而且註定要產生佳績，只是實情並非如此。

賽門在正視現實之前，需要這三個行動：

1. 承認自己水平線下的行為；
2. 認清事實，了解上司對自己的看法是「服務品質的表現不佳」（雖然上司的看法不見得正確）；
3. 明白自己只要一日停留在水平線下，就會永無翻身之日。

賽門無法並且（或）不願正視現實，而在他和上司之間，切出了一道逐漸加深的鴻溝，無論情況對他而言是多麼不公平，到了攤牌的階段，蘭利會贏而他會輸。

賽門不是唯一因為無法認清現實而必須面對惡果的人。回頭想想十年前IBM令人難忘的衰退。

《時代》雜誌報導如下：

近年來，大型電腦（mainframe）已成強弩之末，IBM卻始終不願正視這項事實，它未曾設法適應現狀，而只是試圖保護現有的基業……。但由於業績下滑，價格壓力日增，IBM終於無法繼續置身事外。在今年大型電腦業務萎縮百分之十的情況之下，董事長亞克士（John F. Akers）表示有心轉移該項業務。

大型電腦業績日衰的狀況，並非發生在一夕之間，IBM的若干競爭對手，已經因為缺乏勇氣面對趨勢而付出代價。王安電腦（Wang Laboratories）宣告破產。由布洛斯（Burroughs Corporation）及史派瑞（Sperry Corporation）二家公司為基礎所創辦的優利電腦（Unisys），則在一九八九年至一九九一年間，虧損二十五億美元。而迪吉多電腦（Digital Equipment）也因為遭致鉅額虧損，使得創辦人兼董事長肯尼士・奧森（Kenneth Olsen）被迫下台。顯然警訊昭然若揭：過去的非大型電腦策略不再可行。然而，IBM卻無視於此，即使蘋果電腦已經因為推出「迷你型」（Tiny Frame）電腦，命名為Power Book的攜帶型電腦（laptop），一夕之間光芒萬丈，而超越IBM，成為個人電腦的領導者。

激烈的削價求售，引爆了產業的大量需求，而蘋果電腦和製造IBM相容電腦的康柏（Compaq）則適時補位。此外，IBM也沒能跟上工作站的革命，袖手旁觀昇陽（Sun Microsystems）及惠普（HP, Hewlett Packard）取得市場的領先地位。正如《時代》雜誌在結論中指出：

幾年前，IBM發展了頂尖的科技，而今竟坐視個人電腦蠶食鯨吞賴以維生的大型電腦事業。

因為沒能面對現實，IBM不僅失去生存所繫的大型電腦事業，同時錯失在未來市場占有一席之地的時機。

天王式微始於何時？《財星》雜誌明確地指出時間點：

要徹底瞭解IBM所遭遇的災難，及其管理階層在面對問題時的盲目態度，必須要回溯到一九八六年下半年。

當時IBM已經遠離榮景一年多，並且已然陷入困境。營業成長慘不忍睹，獲利成長根本不存在，而IBM當時的股價是每股一百二十五美元，比七個月前總市值九百九十億美元的高峰，減少了二百四十億美元。然而，董事長亞克士在接受《財星》雜誌採訪時，仍舊信心滿滿：

「只要再四、五年，」他堅稱：「大家就會瞭解我們過去的表現無懈可擊。」

這次訪談之後，過了將近五年，事實證明亞克士錯得離譜。IBM的股價持續滑落，總市值又損失了一百八十億美元，營收成長不到當時產業平均成長的一半，全球市場占有率，也從30%滑落到21%，而每個百分點就代表著三十億美元的業績。《財星》雜誌詢問究竟出了什麼問題，及他所預言的「無懈可擊的表現」何以如此不切實際，亞克士竟回答道：

「我認為並沒有什麼問題啊！」

《財星》雜誌記者的反應是：

那麼，人們或許會問，為何他在一九九一年五月，私下對著公司裡的經理人說IBM已經「處於危機之中」，而且消息迅速走漏？此外，自一九八六年來，在沒有問題的情況下，IBM在股票市場上的市值損失已達四百二十億美元，那麼如果真的出了問題，其市值還將再折損到那裡呢？

亞克士隨後宣稱，他只想強調「藍色巨人」（IBM的暱稱）所處的產業瞬息萬變，因此，沒有一家公司能夠預期所有迎面而來的意外變化。但他也難能可貴地承認，IBM不能將自己銳減的市占率，怪罪於任何外來的力量。

一九九四年，IBM的苦難更是超出一九九一年至一九九二年間的預期。當時新任執行長葛斯納（Louis V. Gerstner, Jr.）就像《綠野仙蹤》裡的魔法師奧茲一樣，人人都希望他能夠帶來天外奇蹟。IBM的新領導者上台之後，立即開始幫助公司認清現實，並針對它採取行動。如今，幾乎每一個人都看見問題所在。

二〇〇二年，葛斯納出版《誰說大象不會跳舞？：葛斯納親撰IBM成功關鍵》（*Who Says Elephants Can't Dance*，繁體中文版由時報出版）一書，其中談到他在IBM的第一次會議：

「自怨自艾是沒用的。我相信我們的員工不需要別人說教。我們需要的是領導能力，以及一點方向感及動力，而不是坐以待斃。我要的是能做事的人，他們必須努力尋找短期的勝利和長期的刺激。我告訴他們，我們沒有時間去揣測究竟是誰製造了我們的問題，我對這個一點興趣都沒有。我們沒有時間去定義問題，我們必須專注於尋找解決方案，開始行動。」

他立即提議如下五項「九十日優先行動」：

1. 不再浪費現金，我們的口袋快見底了。
2. 要確保一九九四年有利潤，我們要傳遞一項訊息給這個世界（以及IBM的工作團隊）表示我們公司已經穩定下來。
3. 為一九九三和一九九四年執行一項關鍵客戶策略，使客戶相信我們又回來服務他們的興趣，不只是在把「鐵」（大型電腦）硬塞到他們的喉嚨裡面，以紓解我們短期的財務壓力。

4. 在第三季結束之前，完成規模最適化的行動。
5. 開發一項中程的商業策略。

這項會議只進行四十五分鐘，卻建立IBM歷史性大翻身的基礎。並不是永遠都那麼容易看見現實，但是如果你期待人們走到水平線上，為自己的成果做主，你就必須看得見現實才行。

讀完這個例子，我們來看看你可以如何評估及培養自己認清現實的能力，以免因為無法正視現實而遭遇令人不悅的惡果。

你，「正視現實」了嗎？

在你的腦海裡畫出一幅我們經常看到的畫面：一家中型電腦廠商的業務副總告訴他的行銷副總同僚，說該公司的業務情況不佳，那是因為公司的產品不符合顧客的需要，但是行銷副總認為事實並非如此。在這種情況下，業務副總認為行銷副總對他們的意見向來聽而不聞，而行銷副總則認為業務副總對他們所提供的支援總是挑剔再三。二人都成為對方的受害者，而且雙方都落入水平線下，不願認清現實。這二位高階主管必須能夠「看見」真相，否則他們將花費大把的時間與精力互相抱怨，助長彼此的困惑，造成組織產生不合。結果創造一種讓部屬「等等看」的環境，看他們的領導者是否能夠解決問題。因此這二位副總裁如何開始認清自己處於水平線下的態度與行為呢？

第一步需要來個仔細而誠實的自我評量。我們設計如下的自我評鑑表，讓你對自己認清水平線下行為的能力有個大略的概念。花幾分鐘時間評估自己正視現實的能力，無論在你的工作、家庭、團隊、社團、社區、教堂或協會裡。盡可能誠實回答每一個問題。

【圖表4.1】「正視現實」自評表

		從未	很少	有時	經常	總是
1.	你可以迅速認清自己正處於被害者循環當中。	7	5	3	1	0
2.	當別人指出你對眼前的問題也有責任時，你虛心接受。	7	5	3	1	0
3.	你願意承認自己犯了某些錯誤，它減損你交出成果的能力。	7	5	3	1	0
4.	面對問題時，當別人的看法和你不同，你會敞開胸懷，洗耳恭聽。	7	5	3	1	0
5.	你先看看自己在做些什麼，或因為有什麼事沒做到，而造成你無法進步；你不會只是注意別人如何阻礙你前進的路。	7	5	3	1	0
6.	你努力增加自己對眼前問題的了解，資訊來源盡可能廣泛。	7	5	3	1	0
7.	你完全了解既有的問題，也明白不動手解決將產生何種後果。	7	5	3	1	0
8.	你在面對一項糾纏不清的問題時，會針對你自己對該問題的看法，請教別人的意見。	7	5	3	1	0
9.	你客觀地承認現實，刻意而積極地想要走到水平線上。	7	5	3	1	0
10.	你在解釋自己為何缺乏進展時，很快便能夠承認自己應該因為交出的成果欠佳而負責。	7	5	3	1	0

在寫完正視現實的自我評鑑表之後，將總分加起來，下表讓你可以評估自己認清現實的能力，明白自己何時陷入水平線下。

你在自評之後，即使你需要人們幫助才能正視現實，千萬別覺得沮喪。如果你可以請其他熟悉你的現狀的人給你一些坦白的意見，對你也會有很大的幫助。

【圖表4.2】「正視現實」自評計分表

總分	評估方針
五十分以上	你非常沒有能力或不願意正視現實。你需要外來的幫助。打電話給119，快！現在就打！
三十至五十分	你經常有正視現實的困難。學習聽聽別人的意見（見下一節）。請某個坐在你身邊的人打你一巴掌，立刻就打！
十至三十分	你正視現實的能力尚可，繼續努力。如果你有個被害者的故事想說，就把它寫在一張羊皮紙上，埋在後院裡，然後繼續前進！
零至十分	你正視現實的能力很強，轉身請你身邊的人給你拍拍手！

旁人的意見可以幫助你正視現實

請別人隨時不斷地提供意見，你便能夠看得更加清楚。有時候稍嫌痛苦，有時也免不了覺得難堪，但他人坦誠的意見卻可以幫助你，從負責任的態度之中，正確地將真相勾勒出來。沒有人有能力將現實描摩得分毫不差，但是你從許多的人意見當中，便可以在那許多顏色與陰影之中，對現實圖像產生最深刻的了解。在我們的經驗裡，有當責力的人會不斷請身邊相關的人提供意見，或許是朋友，也可能是家人、合作夥伴、顧問或其他諮商對象。切記，無論你是否同意其他人對現實的看法，它們對你都一樣會有幫助。你得到的意見愈多，愈容易認清自己何時落入水平線下，何時已走到水平線上，並鼓勵別人向你看齊。

我們曾經遇到一位客戶，看看她的狀況，你會更容易理解尋求意見與給予意見的重要性。

【案例】為組織瘦身的開鍘手竟然變成犧牲者

貝蒂．賓漢（Betty Bingham）是一家大型企業的人力資源副總，最近接到指令，要暫時「清理」某一部門的人力資源政策與實務運作。該部門的人自然將她當成是侵入者，同時她假定，幾個星期之後，她所得到的這些當壞人的任務，會自動帶出數不清的惡名。

幾個月之後，她認為自己應該再回到公司的人事部門，結果卻發現總部不希望她回去。更糟的是，她的薪資未獲調整。這種事情的變化對她的傷害很重，她覺得自己受害，而且完全不清楚狀況，因為她並沒有得到總部或這個暫時職務部門經理的直接回饋意見。

然而，她並未因此而心生不平，她開始從最近九個月以來共事的人們身上，尋求直接的意見回饋。她一邊搜尋、一邊發現她的「清理」方式造成了深刻的民怨與挫折感。例如，有位副總向她坦承，他認為她根本不把別人的意見當一回事，她也不承認該機構或她的員工過去的成就，而且她還有搶占功勞的嫌疑。

這類意見讓貝蒂覺悟到自己如何造成那些惡名，才使得她很難取得自己目前所需的成績。如今，有了直接的意見回饋，她著手轉變這些負面的看法，努力贏回該部門與總部對她的信心。

她很高興對她說實話的人愈來愈多，她也很快建立了自己的聲望，成為一個值得信賴而好用的經理人。在尋求那許多回饋意見之前，她覺得自己只是個被害者，力量薄弱，無法改變現狀；她完全不明白，也不相信別人對她的看法。假如她繼續停留在這種怨忿之中，無疑就得掛冠求去，到別處尋求發展。然而，她在取得意見回饋之後，已經可以比較清楚地正視現實，而終於感覺到有能力面對自己的困境。簡單說，她已經走到水平線上。

如果你發現自己的績效評鑑結果總是出乎你的意料之外，我們建議你效法貝蒂，針對自己的表現，尋求較多的意見回饋，談話對象不只是你的上司，還有值得你信任與尊敬的人。你也大可以回家數落上司的不是，說自己受到不公平的待遇；只是很難要求家人了解你為何得到這樣的評鑑結果。但是你必須做得對才行。多年來，我們觀察到各種正確或錯誤的尋求回饋的方法。如果你的方法不對，也許你只能聽見順心遂意的話。想得到最誠實的意見，試試如下祕訣：

【當責祕技】讓人有話直說五個技巧

1. 利用合宜的環境讓人願意開口（比方說，一個舒適安靜的地方，不受干擾、不分神）。

【圖表4.3】意見回饋創造當責

2. 告訴你的談話對象，你想針對某一特定狀況或疑慮之處，尋求誠實的意見回饋。強調你真心誠意，解釋你的動機。
3. 切記，你在尋求的意見就代表著一個重要的觀點，因此不要採取防衛的姿態，即使你強烈反對此人說的某些話。
4. 留心聆聽，要求更仔細的說明，但要記得，不要因為你不認同其中一些意見，就輕易將它拋在腦後。
5. 切記表達你的謝意，畢竟對方花時間幫忙你。

一旦你更完整地檢驗過自己在水平線上與水平線下的行為之後，想想這樣一個鼓足勇氣面對現實的人，可能得到什麼樣的實質益處。

正視現實的好處

我們在本章一開始曾經提示，即使你認為自己是個非常有能力當責的人，當你在面對某一項挑戰時，還是可能陷入被害者循環當中，像我們在不久之前面對某位重要客戶時的狀況。為了保護客戶的隱私，且稱該公司為DALCAP（化名）。

我們在面對客戶時，總是努力提供最卓越的服務，但我們和DALCAP公司相處的半年顧問經驗，卻造成該公司的幾位核心管理階層認為，我們的客服品質是在水平線下。

我們是否在某個時候，忘了自己始終在傳播的信仰？我們認為他們是最需索無度的客戶，但我們也覺得，我們在面對狀況時，總是能夠處理得宜。同時，我們知道自己的客戶有些疑慮，卻也假裝自己並不清楚他們極為痛恨我們的一點，即他們認為我們的服務人員實在難找。每一回，DALCAP一位高階主管提到一些找不到人的例子時，我們都覺得很吃驚。我們在針對該公司的要求而做出那麼多出色的服務之後，她怎麼可能還會覺得很難得到我們的服務？我們的推論是，我們覺得他們的期望錯誤，我們讓自己相信，無論我們多麼努力，這位客戶還是不會滿意。

然而，最後在許多次的討論之後，我們明白，要維持和這位客戶之間的良好關係，就必須承認，我們沒有滿足DALCAP的期望。我們知道自己必須走到水平線上，展現我們在顧問工作中，始終強調的正視現實的態度。第一步，我們寫下備忘錄交給DALCAP高階主管：

收文者：DALCAP的高階經理人

發文者：領導夥伴公司

主旨：顧客引導

今天早晨，我們和芭芭拉．高瓦（Barbara Kowal）一同檢討我們最近向DALCAP所提的建議案，欣聞該計畫進行的可能性極高。貴公司相信我們有能力繼續為DALCAP服務，令我們感動不已。

芭芭拉針對我們的工作，大方提供了一些有建設性的寶貴意見，那是在貴公司最近的一次主管幕僚會議中，有人表示的看法。其中有人坦白表示，貴公司在需要的時候，應該要比較容易找到領導夥伴公司的服務人員。這使得我們深感不安，因為這似乎顯示DALCAP公司裡，有些人在質疑我們對客戶服務的用心。

我們希望貴公司明白，我們將盡一切努力，證實我們的承諾。貴公司的意見可以幫助我們成長，讓我們更有能力協助貴公司。這是我們的承諾：領導夥伴將會讓貴公司隨時找到協助。

我們深知冰凍三尺非一日之寒，但我們已經開始努力，希望貴公司對我們刮目相看。明確地說：

1. 在我們的合作期間，我們將每周致電芭芭拉．高瓦，以檢討進程，並決定我們是否應該和貴公司的任何一位高階經理人見面，或是和任何受過訓練的活動主持人會面。
2. 我們在出差期間，或是在外面主持活動時，如果貴公司來電，我們將無法立即向貴公司回報消息，但我們會在當天下班之前，回覆貴公司的語音留言。

3. 如果貴公司需要我們立即回覆，請致電我們的辦公室電話(909)694-5596。請強調貴公司有急事，需要立即得到我們的消息。我們保證，我們的同仁對這些電話會隨時提高警覺，因此會立即找到我們。我們將儘速給貴公司回音。

如果貴公司在任何時候認為我們難以碰面或聯絡，請立刻告知。我們需要貴公司持續的意見回饋，以培養我們自己求取成果的當責力。

我們期待雙方繼續合作，並且共同成長。

領導夥伴公司　敬上

這項回應或許顯得平凡無奇，但它告訴我們的客戶，我們聽到他們的意見，了解他們的疑慮，並希望能夠回應他們的需求。DALCAP的總裁在接到這分備忘錄之後不到一個月，便和我們簽訂一項長期的合約，金額比我們的前二項合約更高。

我們可以繼續否認DALCAP對我們的看法，或是將它合理化，但這麼做的結果，只會讓我們失去這位可貴的客戶，沒有任何好處。在認清現實之時，我們冒著顯示自己「犯錯」的危險，但是我們必須針對客戶的看法，決定有所作為，否則無法走到水平線上，也無法對客戶的看法形成任何正面的影響。

準備往水平線上的第二個當責步驟前進

《綠野仙蹤》的膽小獅象徵當責的第一個層面——培養勇氣、

正視現實。然而，桃樂絲必須認清當責的四個層面——正視現實、承擔責任、解決問題、著手完成，她才能夠完全了解，除非超越自己的困境，否則她無法回到堪薩斯。

她在黃磚路的旅程之中，自然學會了愛她的同伴，並珍惜他們的每一個特質。最後她終於有能力結合自己與同伴在途中所學，以及從同伴身上認識到的一切，而脫離原有的無力感，將自己提升到水平線上，取得自己想要的成果。在下一章裡，你會看到錫樵夫代表著承擔責任的心，在過程中，你將學會如何培養勇氣，承擔責任。要記得，想要在自己的旅程中取得佳績，你會需要所有奧茲夥伴在旅途中體認到的一切。

第5章 錫樵夫

找一顆心，承擔責任

「如果你們沒來，我可能會一輩子站在這裡，」錫樵夫說：「所以，你們算得上是救了我一命。你們怎麼會來到這裡呢？」

「我們正要前往翡翠城，去見奧茲大法師，」她回道：「我們還在你的茅屋裡過夜呢。」

「你們為什麼要見奧茲呢？」他問。

「我要他送我回堪薩斯；稻草人要向他要一點智慧，」她回道。

錫樵夫沉吟了好一會兒，然後他說：

「你想奧茲會給我一顆心嗎？」

「我猜，應該會吧？」桃樂絲答。

——《綠野仙蹤》

法蘭克．包姆

一切似乎都失控了。戴夫・施洛特貝克（Dave Schlotterbeck）是艾力斯醫療系統公司（ALARIS Medical Systems）的執行長，但他卻沒有能力讓他的組織有所表現。艾力斯是二家醫療設施公司（IVAC和IMED）購併的結果，年營業額五億美元，全球大約有二千九百名員工。這應該算得上是陣容堅強，潛力十足，但是一筆巨大的債務和不良的績效卻讓該公司的潛力無從發揮。

情況最嚴重的是一次性產品部門。產品品質只達到88%，也就是說，所有產品裡面，只有88%符合該公司的出貨品質門檻。在接到訂單之後，能夠在二十四小時內出貨的比例降低到80%。他們延遲交貨的儀器有九千台，還有五千個零件。

整體而言，艾力斯在營運三年之後，品質不佳、也沒有達成營利數字。戴夫做的每一個努力都起不了作用。沮喪的他在跟我們形容自己的心情時說：

「我個人十分關注那些問題，事實上我對它們的關注程度超過公司裡的任何其他事物，但是無論我採取什麼方法，都看不到改善。」於是他開始採用奧茲法則，幫助公司裡的每一個小組承擔起責任，勇於當責，從此以後，每一個人都開始動了起來——尤其是一次性產品部門。

二年之後，產品品質大幅提升到97%，二十四小時內出貨的比例高達99.8%。每一個部門都開始交出類似的較佳成果。自從購併之後，該組織首度達成每月的目標，而且有許多部門都超越了目標，華爾街為了獎勵這個令人耳目一新的轉變，股價的漲幅同樣令人刮目相看，整整翻轉了九倍。《錢》雜誌（*Money Magazine*）將艾力斯的股價表現列為全美在二〇〇三年這一年表現最佳的股票。

成果令人驚艷，在此同時，他們還將庫存消化了一半。戴夫・施洛特貝克認為大家的改變既甜美又簡單，他們願意承擔責任，為績效當責。「組織內的人願意為他們的情況做主，他們建立自己的目標，做出改善；我並沒有去注意他們的這些事。這個結果就只是因為他們變得比較能夠當責，以非常注重團隊的方式工作，談到我們需要有所改變時，都能夠給彼此很多的意見。」

艾力斯的突破是組織內每一個階層的人都能夠專注努力的成果。人們會把問題重新組織起來，思考自己可以如何改變它。他們開始說出各種議題和問題，自己的挫折感與失望，全都是因為他們培養出清楚而一致的物主感（ownership，當責）。

無論你眼前的景況如何，一旦你開始正視現實，就必須採取下一個步驟——承擔責任。所有過去與目前的行為都會影響到你的現況，唯有擔負起所有的責任，你未來的情況才會有所改善。

採取走到水平線上的第二個步驟：承擔責任

我們在夏威夷的一位客戶曾經安排過一項全美業務會議，我們經歷了一次畢生難忘的經驗，而體驗到這種「凡事由我做主」的物主感所帶來的力量。在休閒的中場時刻，我們在島上四處閒盪，一路看見人們快樂地開著車在崎嶇不平的熔岩層上行駛。那些汽車可是吃足了苦頭。

「這些人百分之百是業務員，」我們開玩笑說：「他們都不可能是車主。」稍後我們在會議中開始討論這個「做自己際遇的主人」的概念，我們舉出那些自助旅行者的例子，他們將租車開在熔岩層上，顯示出一種「非物主」（不夠當責）的態度。尷尬的笑聲回應這個話題，讓他們自己洩了底，不過，它也讓我們更確認了一個重點：

「做自己際遇的主人，這是沒有例外的。」

有太多時候，人們都覺得不愉快的遭遇是自己遭到陷害的結果；然而當他們春風得意時，又傾向於認為是自己在工作上表現優異。無論你的景況如何，你都是它的主人。如果你選擇性地承擔某些情況的責任，卻又很方便地因為其他狀況而否決自己的責任，那麼你就無法走上當責步驟。這種偶發性的當責會使得人們不願承認自己的際遇其實出自自己的手筆，只會讓他們陷入被害者循環的泥淖，如下是一則使用化名以便保護罪犯的真實故事，它就可以闡明這點。

【案例】短視近利、逃避責任

有一天早上，布萊恩和安迪同車去上班，收音機上的新聞主播報導，有個現年二十五歲的男子因遭到背後襲擊，而被送進當地的醫院，目前依然昏迷。

「你覺得這種事情可能發生在你身上嗎？」安迪問。

布萊恩琢磨片刻之後說：「它是曾經發生在我身上。」

「你少來了！」

「嗯，或許不是你想像的那樣，但我的確曾經遭到偷襲。」

「說來聽聽看。」

布萊恩細說從頭。他在西北大學修習企管碩士的最後一年，曾經和幾個可能雇用他的雇主面談，而且幾乎已經決定要到花旗集團去上班，因為它給的待遇看起來相當優厚。由於時序已是五月初，布萊恩的許多同學都已經找好工作，他不免開始覺得心急。

出人意外的是，布萊恩接到南加州的一家撞球用具經銷商的電話，該公司的營業額一年高達一千五百萬美元，前一年暑假他曾在該公司打工。陽光撞球產品公司的二位發起夥伴山姆和戴夫出身南加州，和布萊恩的哥哥是好朋友，他的哥哥目前在安奈罕（Anaheim）當醫生。現在，電話中二人催促布萊恩飛到橘郡來，「談個很棒的機會。」布萊恩告訴他們，如果花旗集團錄用他，他就想接受這份工作，但他們還是堅持布萊恩該來走一趟，帶著太太克莉絲蒂一起，他們負責所有的費用，只是要看看布萊恩是否可能改變主意。布萊恩被他們堅持不懈的邀約所打動，因此他決定聽聽無妨。

幾天之後，布萊恩和克莉絲蒂在洛杉磯國際機場和這二位合夥人見面，他們開車帶著一行人到了帕洛斯維德（Palos Verdes）的一棟豪宅。布萊恩和克莉絲蒂如果覺得賓士五百（Mercedes-Benz 500SL）還不夠令人眼睛一亮，這棟豪宅當然就足以讓他們刮目相看了：一棟優閒的西班牙農莊式大宅院，四面是花木繁蕪的庭園，俯瞰著太平洋。更有甚者，二位合夥人的妻子豐豐盛盛辦了一桌，桌上擺滿了骨董瓷器與令人驚艷的銀製餐具。

酒足飯飽之後，山姆與戴夫偕同布萊恩到月光下的懸崖邊散步，此刻他傾聽著一個強力的叫賣聲音，說明他為何應該要加入陽光撞球產品公司，擔任行銷與業務副總。起薪和稱得上豪華的福利，包括立即的股票選擇權與任他選購的配車，都讓他如痴如醉。但是最讓他著迷的是，剛剛從研究所畢業的布萊恩，竟然會有三十名部屬。山姆在喊價完畢之後，便將手搭在布萊恩肩上說：「布萊恩，我們有一個夢想，我們三個人都可以一起打拚，打造一個了不起的機構，讓大家都變成富豪。你擁有我們需要的技能。這是畢生難得的機會。」

第二天布萊恩和克莉絲蒂飛回芝加哥，思量著自己怎麼可能拒絕這樣的條件。令布萊恩尤其心動的是，他想到同學聽到自己的薪資時，臉上會有什麼樣的表情。霎時間，花旗集團比較起來已經成為一種蒼白的遠景。同一天稍後，布萊恩便打電話給山姆，表示他接受了這份工作。

七月一日，布萊恩開始上班，擔任陽光撞球產品公司的行銷與業務副總，前三個月，他覺得一切都運作得十分順利。暑假在這家公司打工的經驗讓他可以很快適應新環境，他輕鬆如意地掌握了自己的新工作。他的部屬都達成了業績目標，他知道自己入對了行。他和克莉絲蒂甚至打算買個新房子，那麼他們就可以搬離哥哥家，自從他們來到南加州，便住在這裡。

到了十月八日，突然來了一陣晴天霹靂。那天他去上班時，聽見公司裡謠傳著，公司已經被賣給別人。布萊恩大吃一驚，於是找上了山姆與戴夫，而他們卻只是淡淡地說道：「商場上就是這樣的，孩子。你的下一刻永遠無法預料！」他們繼續向布萊恩保證，他的工作安穩得很，並暗示著在不久的將來，他們將可能給他另一個「畢生難得的機會」。

布萊恩有種受騙的感覺。那個三人一起打拚，打造一個了不起的組織的夢想又到哪裡去了？然而，不久之後，他的滿腔怒火終於平息，決定繼續待下來，改善眼前的情況。

接下來的幾個月，布萊恩悲傷地看著業績垂直滑落。布萊恩的一些最頂尖的業務員不是無法當責，就是沒有任何表現。幾個星期的訂單無力之後，他找來二個衰落最多的業務員。三人一起坐在布萊恩的辦公室裡，唐是二人之中比較直率的一個，他坦承道：

「布萊恩，我們得老實說，合併公司的新總裁對你沒什麼信心。他在二個月以前來找我們兩人，說我們如果直接把業績交給他，而不透過你，我們的獎金會比較高。我們能怎麼辦呢？」

布萊恩了無心緒地謝了唐，接著便立即致電在幾哩外辦公室裡的新總裁摩根，布萊恩要求見面。「當然，」摩根說。「明天早上十點。」

第二天布萊恩走進總裁辦公室，直截了當地說：「摩根，你是不是告訴我的一些業務員，說他們如果直接將業績交給你，獎金會高一點？」

摩根非常鎮定，絲毫不顯意外。他低聲輕笑著。

「是啊！沒錯。你知道，布萊恩，我挺喜歡你的，但是你才剛從研究所畢業，我實在沒辦法把公司的行銷和業務部門交給一個生手。我對這個公司必須有所掌握才行，因為我要它好好走下去。不過，嘿，這裡還是有個位置給你。我很高興你來了這一趟，我一直想要和你談談你的未來。」

布萊恩即刻反擊：「我早知道了我的未來，我不幹了！你只要付清還沒有給我的八千五百美元業績獎金，我就走人。」

摩根的表情終於因皺眉而稍有扭曲。「等等，布萊恩。這有一大部分的錢都是屬於個人的業績，而據我所知，這些業績都屬於公司所有。行銷與業務副總是不應該拿這些獎金的。我們只欠你兩千五百美元。」

布萊恩一語不發跳了起來，離開了辦公室。他走到車旁，甩開車門，爬進駕駛座，衝出停車場時，沿路留下了一道冒煙的煞車痕跡。在他回家的一個鐘頭車程裡，腦海裡重新浮現自己曾經擁有的好運道。布萊恩想像自己不過是場陰謀詭計的犧牲品，發現有許多椎心刺骨的問題一一飛過腦際：「我該如何告訴克莉絲蒂？我那些西北大學的朋友會怎麼想？更糟的是，我哥哥又會怎麼想？」布萊恩一臉沉鬱地回到家中。憤怒、迷惑、難堪，不斷翻騰著，他一再覺得自己受到山姆、戴夫和摩根所害。他怒火中燒，捶打著方向盤，喃喃自語：「我再也不相信任何人了。」

三年之後，這件事依然讓他憤恨不已。「所以，」他嘆了一口氣，為安迪．道寧訴說的故事做結：「你看到一個人可以被人家怎麼偷襲，而且偷襲你的人，是你以為會為你的幸福著想的人。我不知道那個躺在醫院裡的人在想到那個攻擊他的人時，心裡做何感想。但我可以打賭，如果那個人是他的朋友，他會覺得更難受。」

最後，安迪發言了。「你說的沒錯，布萊恩，但是從你談到這則故事的方式，聽起來好像你和整個結果都沒有任何關係。」

布萊恩皺起眉頭。「我當然沒有關係！」

「但是，布萊恩，你是不是可以做點什麼事來避免這樣的命運呢？」

「是啊，首先，我可以到花旗集團去工作。喂，你這是什麼意思？我以為你是站在我這邊的。」

「我是，所以我覺得我們應該徹底談談究竟發生了什麼事。」

然後，安迪試著幫助布萊恩想想自己當時可以採取什麼動作。二人就這樣，在每天下班開車回家的途中，持續了一個星期的討論。布萊恩剛開始覺得不太舒服，後來他便開始期待著這項討論，因為它讓他可以有機會檢視自己的一些感覺，除了太太以外，他沒向任何人提起過這些感覺。

漸漸地，布萊恩開始發覺，自己在看待這些事件之時，只是從被害者的觀點出發，而事實上，另一種觀點依然存在。對任何想要脫離被害感的人來說，這種觀點尤其重要。從被害者的立場來看，某一個情境或許只有黑白之分，而從當責的角度看來，則是有陰影的灰色地帶居多。

例如，從當責的角度看起，布萊恩可以看到自己如何受到輕言允諾所吸引，只想在一夕之間成名致富。二位合夥人的豪華座車與豪宅在角落裡向他招手。或者只是布萊恩的想像，他想到自己才剛從研究所畢業，便得到副總的榮銜，他的收入也幾乎高於同屆的每一個同學，他受到這種表象的吸引而感到汗顏不已。站在被害者的立場，布萊恩是遭到偷襲；但是，如果從當責的觀點來看，或許會看到布萊恩太過貪婪、短視近利、不成熟而虛榮。布萊恩和安迪一同檢視如下問題，讓布萊恩能夠採取比較負責任的態度：

【當責祕技】問自己是否當責的五個問題

1. 你明知道有哪些事實存在，卻選擇裝糊塗？
2. 如果你要重新面對這個狀況，你會有什麼不同的作為？
3. 過程中曾出現哪些警訊？
4. 你應該提早面對誰或什麼事？
5. 你從早先的經驗裡，可以學到什麼，好幫助你避免或將不良的後果減至最低？
6. 你自己的行為與動作使你無法取得心中欲求的佳績，你能夠了解嗎？

有了安迪的幫助，布萊恩嘗試著回答這些問題，雖然過程稍嫌痛苦。毫無意外地，他開始面對一個自己下意識篩掉的自我。

布萊恩假裝不知道或忘卻的一件事，就是他在前一個暑假來打工時，曾經進行過的一項對話。當時他和他的上司，也就是陽光撞球產品公司當時的行銷與業務副總比爾．華德的對談。布萊恩問他為何來到陽光公司，以及他預期未來的前景如何，比爾體己地對他談起他和山姆與戴夫所訂下的盟約，說要在未來闖出一番天下。而當布萊恩聽見山姆在一年之後，對他提起一項類似的盟約之時，卻刻意忘記這次的談話，或是編了理由凌駕它的存在。畢竟，這回他們的對象是布萊恩．波特，那個傑出的孩子。

布萊恩也沒留意到其他的線索。他在擔任行銷業務副總的第二個月，開著他新買的卡維車（Corvette），吃了一張超速的罰單，他讓高速公路警察看他的行車執照時，發覺那是以月租方式登記而來的租車。這個線索應該可以讓布萊恩知道，其實，他的老闆對他的事業並未給予長期的承諾。

布萊恩收到他的第一筆薪資時，發現他得到的薪水低於先前雙方同意的數字。戴夫向布萊恩保證，其中的差額不久就會以個人獎金的方式支付給他，因此，布萊恩決定對這個差額視而不見。他到底得要在業務部門做個模範，讓整個團隊效法才是。

布萊恩何不要求書面的保證，上頭註明他的薪資與福利？朋友總該相信朋友，這是他的決定。他在如此行事的同時，忘了自己在大學時代的一次慘痛教訓；當時，他和一位死黨合作，結果後者侵吞了三千美元的利潤，還對他挑釁：「來告我啊！反正我們沒有任何書面的證明。」不幸地，布萊恩選擇不把這次的經驗應用在山姆和戴夫身上。

布萊恩逐漸明白，當他聽到山姆與戴夫賣掉陽光撞球產品公司之時，便應該和摩根一同釐清雙方的期望與承諾。然而，因為布萊恩不大認識摩根，自己有點膽怯，而決定先將問題擱在一邊，希望情況會隨著時間過去而自動好轉。

布萊恩應該要為自己的命運當責嗎？在許多方面都是的。即使別人利用他、誤導他，結局是，他透過客觀的自我檢驗，明白自己也該扛起一些責任。布萊恩對安迪開誠布公，並仔細思量安迪直言不諱的回應之後，終於能夠認可二種觀點：被害者的一方與當責的個人。最後，布萊恩終於能夠掌握自己的際遇，而創造更光明的未來。然而，在我們的經驗裡，採取這個步驟，讓自己更能夠當責的人，其實並不多。

面對改變時，做它的主人

今日社會有太多人在面對自己的困境時，都失去了一顆心，而這種不用心的情況已經開始腐蝕組織的績效和競爭力。《時代》雜誌有一篇關於當今職場的文章，詳細說明這種腐蝕的情況中，有一項格外引人矚目的警訊：

這是工作上的新式玄學——工作可以帶著走、勞工可以隨手拋。知識經濟的升起代表著一種改變，目前的大型經濟體疊床架屋，行動遲緩，但在不到二十年之後，我們的經濟體將會轉換成無數個散布各處的小型經濟中心，有些甚至小到是個一人公司。在這新經濟裡，地理區隔不再，高速公路指的是電子設施。就連華爾街都沒有理由再局限於華爾街上。公司成為一種概念，而且在它們抽象化之後，變得詭異而缺乏良知。工作幾乎和電子一樣容易化入空中。美國經濟成為好消息和壞消息組成的迷陣，端視你的觀點如何。美國銀行在二年的獲利刷新歷史紀錄之後，最近宣布有千萬名員工都要成為兼職人員，福利少得可憐。在一些景氣復甦的統計數字之後，暗藏著多少的壓力與疾苦。

在同一期的《時代》雜誌有另一篇文章，名為〈拋棄式勞工〉（*Disposable Workers*）。該文指出美國對臨時工的依賴日深，這種趨勢粉碎了傳統的員工忠誠度，以及對工作的投入：

如今，美國最大的私人雇主已經沒有煙囪或輸送帶或大卡車。沒有金屬對金屬碰撞的聲響，沒有鉚釘或塑膠或鋼鐵。就某個層面來說，它不事生產。但是我們也可以說，它幾乎無所不能。萬寶華人力仲介公司（Manpower Inc.）擁有五十六萬名「員工」，它是全世界最大的臨時工集散中心。每天早上，它仲介的派遣員工進入美國各個辦公室與工廠之中，尋求一日的工作與一日的溫飽。

這類《財星》五百大的巨獸組織，都在努力以薪資縮水的方式「塑身」，而以威斯康辛州密爾瓦基（Milwaukee, Wisconsin）為根據地的萬寶華人力仲介公司，就正好為他們填補了這些空缺，因為他們還是需要身體與大腦來完成公司的目標。美國已經進入一個新的時代，即自由業經濟（freelance economy），兼職人員、臨時工和獨立包商的階層正在擴展，而傳統的全職工作部隊正在萎縮。《時代》雜誌的這篇文章寫道：

約聘人員與臨時工的人數增加之迅速，預期在本世紀末的不到十年之內，其數目將超過全職員工。

這個趨勢對盈收或許有益，但就長期而言，它可能使得工作同仁間的關係淡薄，產品的品質和顧客滿意的程度也會受損，因為員工不會有榮譽感。這些臨時工對他們工作的長程影響，會比得上全職的員工嗎？他們會願意超越自己的工作說明書，以取得更好的成績嗎？或者，他們會利用工作說明書，好為自己的成果不彰辯解？如果機構只想要「租用」他們的服務，卻要求他們要「承擔」這份工作的一切後果，他們是否可能感到心有不甘？為了他們著想，我希望不會，因為不管你一生換過多少工作，如果你拒絕當責、寧願被害，就永遠無法得到成功與滿足。

羅伯・史恩（Robert Schaen）是美國科技（Ameritech）的前任財務長，《時代》雜誌的這篇文章引述他的說法：

長毛象公司的時代已經走到終點。人們得去創造自己的生活、自己的事業和自己的成就。有些人在這個新世界裡也許要大呼不平、痛苦不堪，但這裡只有一個訊息——現在，你必須自力更生、自求多福。

在這種自由業經濟裡，你必須承擔自己的一切，無論你是在一個陌生的組織裡，擔任一個星期的臨時工，或是因為你想強化自己的事業生涯，而在一個位置上待個幾年，或是在自己的公司裡待一輩子，這種經濟體都將使得全世界每一個勞工的生活更形艱難。

在《財星》雜誌〈最受尊崇公司〉（*Most Admired Corporations*）的報導中指出，在這些最受尊崇的公司裡，員工的參與是它們的共同點，其中包括員工的物主感與責任感：

大多數最值尊敬的公司對員工都會特別禮遇，這是他們公司飛黃騰達的因與果。羅伯・哈斯（Robert Haas）是李維公司（Levi Strauss Associates）執行長，他認為要經營一個堅強的公司，員工的參與感和滿意度是不可或缺的要素。他說：

「你必須創造一種環境，讓公司裡的每一個人都覺得自己是公司的代表。你的部屬必須知道自己代表的是什麼，有心讓每一筆交易都圓滿達成，否則你就會寸步難行。」

《財星》雜誌以一個例子來形容李維公司員工所感覺到的物主感，當地的工人發現一個嚴重的問題，於是開始和本地的職員合作，將李維每年都必須送到棄置場的幾百萬磅丁尼布碎片重新回收。工人向李維的總部報告這個構想，並取得核可。今天，所有李維公司的辨公室紙張都是藍色，而且都是用回收的丁尼布碎片製成。結果，公司的紙張費用少了 18%，而且疏解了當地棄置場不少的壓力。這就是物主感！

為什麼有這麼多人無法承擔責任？

人們經常無法為自己的際遇做主，因為他們無法接受自己的故事中，應該當責的部分。這句老話通常是對的：「每一個故事都有兩面。」被害者的一方只會強調其中的一面，讓你以為環境產生的過程與你完全無關。在一個困難的情境裡，你很容易覺得「遭遇」或是「被害」，好讓你自己切割清楚、不必負責。但是當你「鎖入」一個單一的層面，你也將故事的另一面鎖在外頭，而事實上，所有的事件都顯示，你目前面對的每一個狀況，其實自己都有份。在我們的經驗裡，被害者的故事傾向於剔除所有需要自己當責的事證。

那麼，如果你想要建立物主感，就必須找到一顆心，說出故事的兩面，將你的現狀和你過去的行為與無為聯結在一起。這種觀點的轉變會要求你用一個當責的故事，以取代被害者的故事。然而，看到故事中的當責面，並且承擔起責任，這並不表示你必須壓抑或忽略被害的一面；只是表示你看清楚完整故事的一體兩面，包括那些也許無助於保護你的自我的部分。

那些始終能夠取得成果的人，通常都可以迅速承認自己的錯誤，為自己的際遇做主，因而能夠避免陷落於被害者循環當中，就像克萊斯勒（Chrysler）董事長李・艾科卡（Lee Iacocca），艾科卡告訴《財星》雜誌，他曾經犯過一個錯誤：

我的錯誤連連。例如，在停止製造之前，便將奧尼（Omni）和水平線（Horizon）車系的生產線移到另一個車廠，造成一億美元的損失，這就是錯誤的決策。有什麼好爭辯的呢？我們犯了一個價值一億美元的錯。

這種願意承擔現狀責任的態度，以及承認錯誤的勇氣，使得李・艾科卡能夠保住克萊斯勒免於破產，並使它成為一個出色的汽車製造公司。

在私人的層次上，想想《華爾街日報》上報導的有關「家庭貸款服務詐騙集團」的故事：

如果你接到一封信，說為你負責貸款服務的公司已經換了一家，要先調查一下才能寄支票，這有可能是一種詐騙的手法。德州的房屋貸款人最近就有了這樣的遭遇。他們收到一封信，發信人自稱是美國貸款銀行，它已經『取得你前一家貸款公司的經營權。』這封信要求收信人將未來的付款與信件都寄到休士頓的一個郵政信箱裡，信上說該銀行是全美第五大貸款銀行，而執法單位卻說，它根本不存在。

羅伯・布雷特（Robert Pratte）是明尼蘇達州聖保羅市貸款

銀行的律師，他說，該公司的詐騙信件應該騙不了人，但是卻天天都有人上當。在水平線上的人會親自調查這種狀況，而那些住在水平線下的人，卻會以為大家都是光明正大的，不應該會有這種詐騙行為。前者是自己際遇的主人，後者則是自願成為被害者。

在南加大的商學院裡，企業管理教授理查·傑斯（Richard B. Chase）教一門有關服務經營的管理課程，他給五十二位學生每人二百五十美元的退款保證，說如果他們在學期結束時對他的教學不滿意，可以要求退款。這個做法使他冒著一個極大的風險，因為在學術環境裡，人們並不大強調當責。傑斯想讓學生對他出色的服務心生敬佩，就像他們在課程裡學到的聯邦快遞（Federal Express）和達美樂比薩（Domino's Pizza），顧客可以預期自己付出的金錢值回票價。

傑斯的一些同僚對這項實驗所隱涵的意義覺得憂心，我們卻佩服他是當責他是當責概念的最佳身教。傑斯教授是他自己際遇的主人，如果他所有的學生都要求還款的話，他可能得付一萬三千美元，即使如此，他還是願意冒這個險。然而，為了不讓自己為學生的學習成果付出太大的代價，他要求希望退款的人，必須在學期分數公布之前便提出請求。

有些醫療保健機構都在設法確認自己的顧客對服務感到滿意。《華爾街日報》有一則新聞標題為〈取悅病人，應可值回票價〉（*Pleasing Hospital Patients Can Pay Off*），記者發現，有少數願意為自己的際遇做主的醫院，利潤都會增加：

「醫療保健界已經進入當責與刪節開支的年代，因此他們逐漸願意將病人的意見直接反應到利潤上頭，醫院與管理服務公司如是說。」

以新澤西州利文斯頓市（Livingston）的聖巴拿巴斯醫學中心（St. Barnabas Medical Center）為例：

「他們要求所有的病人評審食物、院區清潔與醫護人員的禮貌等等，利用一個問卷表，做為一個評量的標準，它同時還設計一種新式的合約書，將利潤和病人的滿意程度畫上等號……為某些特定服務耕耘的醫院——包括聖巴拿巴斯、波士頓的福克納醫院（Faulkner Hospital）、以及紐約州羅徹斯特市的公園嶺醫院（Park Ridge Hospital）——都是這種政策的先驅，而這種醫療策略很可能是未來的主要營運策略：分擔風險。包含獎勵的合約行之有年，病人的意見調查也一樣。但是『合夥關係』則是將二者正式結合，將販售者的賭注提高，他們和醫院簽訂合約之後，有時候必須投資在最精良的儀器上。羅納．毛洛（Ronald Del Mauro）是聖巴拿巴斯醫院的總裁兼執行長，他坦承這種結合表現的合約『是一種賣方的賭局』。但他附帶地說：『一旦我們成功，他們也就成功。』」

對聖巴拿巴斯來說，做自己際遇的主人，要求分支機構與供應商也能夠當責，這帶來的不僅是比較快樂的病人，還會有更健康的利潤。

不幸的是，有千百萬人雖極力追求成果與幸福，卻因為不願看到故事的兩面，不願為自己的際遇做主，以至於無緣得到自己追求的一切。美聯社（Associated Press）有一系列名為〈我們更快樂了嗎？〉的文章，作者是萊絲麗．德雷弗斯（Leslie

Dreyfous）。文章寫道：

> 坊間關於「快樂」這個主題的書籍近年來增加了三倍，而心理諮商業的規模也增長了二倍多。午後盛行的脫口秀，對白之露骨令人痛苦不堪，市面上更是琳瑯滿目的靜觀與靈修的影音商品。人們花上幾百美元，走了幾千哩路，來到像伊沙蘭（Esalen，The Esalen Institute潛能中心的創始人）在加州大沙海灘設立的修道場。然而，根據美聯社的民意調查顯示，比起前一代的人們，嬰兒潮的人卻覺得自己對生活更不滿意，其不滿意的程度高達四倍。專家估計，人們經歷意志消沉的狀況，是第二次大戰前的十倍。

在這日漸複雜更迭不斷的世界裡，似乎有更多人覺得難以掌握自己的幸福。

就像《綠野仙蹤》裡的桃樂絲和她的朋友們長途跋涉抵達翡翠城，他們以為見到了大法師奧茲，自己的所有問題都能夠迎刃而解。有太多時候，這些人都把自己的不快樂怪罪到環境的混沌不明，讓自己完全無法掌控。他們不願看到完整的故事，做自己際遇的主人，而寧可覺得自己無法透過行動去改善問題，寧可屈從於各類影響與外力，讓它們加諸自己身上，而不願出手控制眼前的狀況。

在這種資訊時代，竟有無數的人覺得難以控制自己的生活，這聽起來似乎有點諷刺。顯然通訊革命還是無法幫助人們克服與人與人之間的疏離感，人們依然無法和自己的際遇緊密連結，現代通訊甚至還可能使得這種狀況加劇。結果，我們這個世界真的走到了一個危險的境地，將成為一個被害者的社會，無論是哪個國家的公民，每天的觀察與所學，都讓他們覺得癱瘓，而不是更有力量。在這種氛圍之下，難怪會有這麼多人拒絕為自己一手導演的後果負責。

一個充斥旁觀者的社會，就稱不上是一個參與者的社會。如果你只是坐在一旁，看著「你自己這一生的比賽」在你眼前開打，你就會像個橄欖球或棒球的觀眾一樣，在露天看台上搖旗吶喊，而沒有能力去影響它的結果。要治療這種抑鬱的心境，就必須拋棄露天看台上的座位，走上球場參與比賽。你可以採取一個重要的步驟，即擁抱完整的故事，做自己際遇的主人，無論你過去曾經遭遇過什麼樣的景況或歷史。無法做到這點，你的未來將是慘不忍睹。

無法做主的結果

在哥倫比亞號（Columbia）太空梭的悲劇之後，太空探險的支持者更強烈排評政府和美國太空總署（NASA）過於強調撙節開支，以致安全付出了代價。《華爾街日報》寫道：

九個月以前，太空總署的太空安全顧問委員會（Aerospace Safety Advisory Panel）的前任席在眾院作證表示，該機構的預算限制終將影響到太空梭的安全。為了反駁這些怨言——或至少轉移立法機構的譴責焦點——昨天眾院的眾議院撥款委員會（Appropriations Committee）釋出歷史上太空總署的預算表，顯示該單位的經費和它要求眾院編列的預算很接近。

沒有人願意為這場災難負起全責，這點並不令人意外，畢竟這是一九八六年挑戰者號（Challenger）爆炸之後，最嚴重的太空梭空難。太空總署抱怨經費不夠，行政單位抱怨花費超過預算，眾院則聲稱他們只是按照要求去做。在哥倫比亞號悲劇之後，太空總署得花上多年時間才能復原，政府高層和立法人員得花上更長的時間才能面對這個現實：安全而有產生力的太空探險，它的花費也許高於他們願意支付的額度。災難過去之後，三位高階決策者接受了一項新的任務。關於這點，一家克里夫蘭（Cleveland）的地方報《平原商人報》（*The Plain Dealer*）的社論寫道：

太空梭計畫並不只是把工程師像趕鴨子上架一樣（put someone's head on pikes）……還要注意太空總署最有學問的批評家不斷哀號的「文化問題」。造成哥倫比亞號和它的七名太空人致命的問題，並不只是因為三個特定的決策者，更大的問題來自行政系統、政策與傳統。

真正為你面對的際遇做主，就會需要你把真正的問題與造成問題的所有因素牽連在一起，無論那個連結可能給你多少暗示。然後，也唯有這個時候，你才能夠有效前進到下一個步驟。「做主」指的是一種能力，它可以把眼前的處境和自己曾經做過的事情連結在一起，也可以把未來的遭遇和將會去做的事情綁在一起。如果你做不到這些連結，你就絕對無法承擔責任，也無法解決問題。我們都聽過這句老話：「如果你不能解決問題，你就會是個問題。」

不過，做主意味著：「如果你不是問題，你就無法解決問題。」悲哀的是，如果你無法為自己的際遇完全做主，那麼無論在此刻或未來，你都免不了要嘗到苦果。要承擔責任，就必須清楚體認大家想要掃到地毯下面的是什麼，以免太遲了。

相對地，加州有一家建材製造商布雷德公司（Bradco）那是一家大型的私人企業，它在一項大型計開始之際，發覺真正的成本高出預算很多，這時候它就找到一顆為自己的際遇做主的心。如果這項成本與預算之間的差額繼續下去，在計畫結束之際，公司就會面對鉅額的虧損。很快地，有位估價師開始在下班時刻，利用自己的時間，找遍計畫書與預算表，想知道究竟那裡出現失誤。公司裡並沒有人指派他這項任務，但他還是自願成為自己公司問題的主人，花費無數屬於自己的時間，檢查成疊的檔案與藍圖，想要發掘真相。

令他遺憾的是，他不僅找到問題，也發覺自己也有責任，因為在預估成本的過程裡，他忽略了細部計畫裡所提到的一面牆。這面牆起了骨牌效應，因為這棟建築有十八層樓。這位估價師向公司的管理階層報告這項錯誤時，心知自己的事業危在旦夕，結果他卻得到高層的極力讚賞，後者感謝他的調查，以及他願意讓問題曝光，而沒有顧慮到他自己的聲望。

由於這位負責任的估價師及早發現問題的所在，因此整個預算得以調整到讓計畫能夠及時完成，而且符合預算。該事件之後的幾個月裡，這位估價師的故事傳遍整個公司，做為一個布雷德公司承擔責任的代表範例。

要創造承擔責任的文化，讓人們願意為了得到成果而接受當責態度，願意投資自己，你就必須先學會評估自己有多少能力做際遇的主人，並從而培養這樣的能力。

你，「承擔責任」了嗎？

如同我們曾經說過的，要做際遇的主人，就得看你如何發掘到故事中的被害者與當責者的兩面。因此，你在評鑑的一開始，就必須先找出一個你自覺受害，自覺遭到利用，或是覺得自己在水平線下受苦的遭遇。

如果你想不到眼前的例子，就想想過去的情況，選個工作上的故事，或是在家中，或是人際、社區、社交或教堂生活。一旦你選好自己的故事，就填寫如下承擔責任的自我評鑑表，列出一些你覺得「被害」或「被利用」的事實。你撰寫被害故事的方式，就是要說服別人，說你真的沒有錯。

【圖表5.1】「承擔責任」自評表1

第一部分：眼前或過去遭遇的被害故事

1.	
2.	
3.	
4.	
5.	
6.	
7.	
8.	
9.	
10.	

如本章先前所述，大多數人都自然覺得自己被鎖入被害的事件之中，讓他們覺得被害到或被利用，卻將那些自己對現況的形成其實也有責任的事項排除在外。因此，在承擔責任自評表的第二部分，你必須離開這種將自己鎖入被害者故事的選擇性認知，而開始思考在故事中，自己該當責的層面，也就是你故事的另一個版本，描述你在自己的境遇中，所採取的行動或因沒有採取行動而造成的後果。如下的五個問題可以幫助你引導自己的評鑑。

1. 你能指出「他們」在說的「另一面的故事」裡，最有說服力的重點嗎？
2. 如果你想要警告別人「不可重蹈覆轍」，你會說什麼？
3. 是否有哪些事實是你刻意忽略的？
4. 有哪些被你忽略的事實應該加到故事中？
5. 如果你再度面臨同樣的情況，你會有哪些不同的作為？

【圖表5.2】「承擔責任」自評表2

第二部分：眼前或過去的遭遇中，自己應該當責的事實

1.	得分：
2.	得分：
3.	得分：
4.	得分：
5.	得分：
6.	得分：
7.	得分：
8.	得分：
9.	得分：
10.	得分：

你在列出一項應該當責的事件時，問問自己，你為該事項承擔責任的意願有多高，分別從一到十打分數。「一分」表示你根本就不覺得應該當責，而「十分」則表示這項事實完全是你的責任。然後將總分加起來，除以你所列出的事項數目。最後，得出以下的分數。

【圖表5.3】「承擔責任」自評計分表

總分	評估方針
八至十分	代表你看到自己應該當責，是自己際遇的主人。
五至七分	意味著你只能夠為自己際遇的一部分做主，而且在做主與不做主之間搖擺。
一至四分	顯示你或許已經淪落於水平線下，無法或不願看到自己的責任，做自己際遇的主人。

低分代表你沒有承擔起自己眼前境況的責任，不過它當然也可以表示你真的是目前遭遇的被害者。即使如此，你還是不能停留在被害者循環當中。一個真正能為自己的遇際做主的人，絕不會允許某人或某事讓他們陷入水平線下。有當責力的人會接受自己的行為應付出的代價，努力克服逆境，無論有多麼困難。

同時，還有人天天都在訴說著合情合理的故事，表明自己如何被害而沒有機會改變結果。他們或許是暴力犯罪的被害人、自然災害的受難者，或是因為經濟不景氣而被解雇或長期失業，無論如何，我們都覺得這些人確實是被害者，這些命運是他們自己無法控制的。然而，即使是那些「真正的」被害人，都還是必須認清，為了開創更美好的未來，他們必須從此刻開始，為自己當責。

有一個例子，我們聽過佛羅里達州有一對夫婦因為安德魯颶風肆虐，房屋遭到摧毀。他們的家產完全被掏空，於是退居他們在夏威夷島的度假屋，休養生息等待佛羅里達州的房屋重新建好。

就在他們抵達夏威夷不久，另一場颶風橫掃夏威夷群島，連他們的度假屋都毀了。顯而易見地，這兩個人面對這些天災必然覺得受害匪淺，傷心沮喪自不在話下。然而，他們卻不容許這些災禍摧毀他們的生活。他們明白自己的房屋所在的地方太過脆弱，決定充滿樂觀與信心地重覓地點，重建家園；畢竟他們健康又有能力。我們所有的人都好好上了一課。可見做自己際遇的主人可以讓我們有力量，而不會因為做個被害者而覺得心力交瘁，它讓我們可以往前邁進，實現生命中令人較為滿意的成果。

尋找一顆心承擔責任，有何好處？

日本人為列車準點所做的努力，可以視為承擔責任的典範。《華爾街日報》報導：

在東京地區，成千上萬搭乘地鐵的民眾每天抵達目的地的時間，幾乎都在同一分鐘之內——列車如此，搭乘列車的日本人也是如此……「讓列車誤點的，是人，」柳川昭二（Shoji

Yanagawa）如是說，他是東京營團地鐵公司（Eidan）的發言人。「同樣地，讓要列車準點，也是要靠人。」……東京的列車系統終於調整到幾乎消除所有可能造成誤點的因素，甚至連最主要的誤點原因如「卡門」或「自殺」都排除在外……東京的小學就在教導孩子，基本的搭乘地鐵知識。在車站，乘客的耳朵裡，隨時都會遭到像上課一樣的聲音轟炸：

「危險，請勿衝入關門中的列車。」（人們衝進車內時，經常會夾在正要關緊的門上，而造成卡門和誤點。）

為了讓乘客遠離門口，地鐵公司就讓他們注意自己的羞恥心。

「我們在月台上多安排了一些工作人員，他們不過就是站在那裡看著乘客，」柳川說。「這通常會有效果。」或許顯得很嚴厲，不過，擠在大手町站（Otemachi）的乘客可都合作得很。

你或許會說，這種情形只可能在日本行得通，但是承擔責任的原則是沒有文化與公司之分的：當大家都投入某一問題或困境，認為那是他們「自己的」問題，結果通常都會改善；以下讓我們看看另一個例子。

【案例】悼念那個以往始終勇往直前的自己

約書．坦納（Josh Tanner）過去任職於一家藍籌股的公司，他竄升的速度極快，人力資源部門認為他是一顆「明星」，大抵是因為他的分析能力與政治手腕。短短的四年之內，他已經學會如何在一家大型而極具官僚色彩的機構內，讓事情運作順利，終於大家都覺得他是個極有潛力的員工，有能力登上巔峰。坦納的聲望不僅傳遍整個公司，也引起了獵人頭公司的注意，因為他們總是在尋找優秀而有才幹的人。

不久之後，有個高階經理求才公司給他一個機會，請他到一家小型而剛起步的公司，給他無限的希望，吸引坦納的興趣。幾個星期之後，坦納離開他安穩的大公司，而進入一家較小而顯然風險較大的新創公司，他知道自己在這裡可以發光，甚至比以前更為明亮。他珍惜這種可以在一個更有企業感，步調更快的公司裡工作的機會，他可以真正將自己的分析與管理流程的技能派上用場！事實上，他幾乎可以看見自己在幾年之內，徒手把一家新創的公司，轉變成一家藍籌股的大公司。

然而，在坦納加入新公司之後不久，卻聽到負面意見排山倒海而來，讓他四顧茫然不知所終。坦納擁有政治手腕，知道如何傾聽，卻無法相信自己聽見了什麼。新公司的人並不欣賞坦納的分析能力和官僚傾向。

有幾個星期的時間，坦納不願面對這些負面的意見，卻總是想：「我在事業上的成就總是很可觀；我從一家『藍籌股』的公司起步；他們取得我這樣的經驗應該，要覺得很幸運才對，我放棄很多才來到這裡啊！」

終於，坦納知道自己得不到原先公司承諾的行銷副總的職位，更糟的是，如果他的表現不見改善，他在公司的時間就不長了。這種事情的轉折讓坦納有如當頭棒喝，但他還是無法相信自己怎可能有此遭遇。

「這比惡夢還要可怕，這是我最恐怖的夢魘！」不久他開始悼念自己在前一家公司快速前進的腳步，自怨自艾走到目前身陷困境的死胡同。

這時，該公司的管理階層請我們來和坦納合作。我們和坦納接觸之後，立即開始教他如何走到水平線上。這並不容易，但至少坦納願意認清現實，知道自己已經不再是舊公司的明星，而是在新公司裡需要改善的人。然而，他雖然接受了現實，卻還是覺得自己遭到新工作的犧牲，被他人所害。

他告訴我們故事的一面，輕鬆而熟悉地從被害者循環的一個階段走到另一個階段，急切地解釋「他們」如何陷他於水平線下，故事聽來很有說服力。最後，他說明一個在我們眼中是「等等看」的被害者態度——他希望時間會說服他的新同事，證明他們對他的初步評估是錯誤的。

在和坦納合作的過程裡，我們逐漸看清，他最大的挑戰在於他把自己的行為和新同事的看法聯想在一起。他可以認清他們的想法，卻無法認同其正確性，因此無法承擔責任。這時候，我們請坦納重新述說他的故事，這回將重點放在他的際遇中，應該當責的部分，而不只是被害的部分。

慢慢地，他開始形容自己在加入公司之後的一些作為，究竟如何受到人們所誤解，但是每一次的自白之後，便會附帶一句：「但是只有長了一半腦子的人才會做這種結論。」

他一邊持續找出一些造成今日他人看法的種種行徑，一邊逐漸感覺到愈來愈容易認清，因為自己的某些作為，或是因為沒有採取行動，而造成他今日的困境；這時候，他的怒氣逐漸消褪。

我們向坦納解釋，做自己際遇的「主人」並不表示承認他新同事對他的看法完全正確，而是承認他的行為與他們的認知之間有所關聯。

最後，我們問他：「你還可以採取什麼步驟？」

坦納停頓了一下，反省著說，他可以主動問人，他們覺得他的表現如何。坦納認清新舊公司環境有別，他忽略新文化對於過多的分析與官僚制度有偏見，因此他終於承認，他應該要多下點功夫，向別人解釋自己行動背後的動機與原則。

坦納的責任感逐漸上升之際，他也同時有了一種解放的感覺：

「我應該和新公司的人更密切合作，更適應他們的文化，好取得他們的想法，並參與我想要執行的計畫活動。我應該更敞開胸懷接納他們的建議，而且我對他們的計畫、目標與重要工作都應該更積極參與。哇，我每次一聽到不好的意見冒出來，就會開始退縮，真是錯得太離譜了！」

就在這個時刻，坦納真正看到了故事的另一面，將所有的事實扛了起來，尤其是那些造成自己困境的行為。他並不是說，他應該要將發生的一切全攬在自己身上，也不是說，那些新公司的人給他的評估是全然公平，但是他終於承認，自己也做了一些事，或是因為沒有採取動作而造成了今日的處境。他在最後一次訓練課程當中說：

「人陷在水平線下時，就像被關在一個沒有窗戶或門的房間裡。現在，這些門全打開了，我可以看見整個故事，我可以開始改變我的命運。情況會愈來愈好！」

坦納將自己的行為和新同事的認知聯想在一起之後，終於開始做自己際遇的主人。當他看到自己過去的行為其實和目前的遭遇有關係，他終於明白，從現在開始，自己的行為也可以開創一個全新的未來。這項覺悟給了一顆他需要的心，開始努力轉移同事對他的看法，不久之後，他的同事對他的反感全消。在三個多月的水平線上的行為模式之後，坦納將他的部屬、同仁與上司對他的觀感完全扭轉過來，而終於登上行銷副總的寶座。

做自己際遇的主人可以讓你獲益良多，而不只是一些令人椎心刺骨的彌補工事。當你找到主宰自己際遇的心，就會自動投入，克服困境，改變現狀，讓未來更加美好。

當責的下一個階段：解決問題

如本章所示，《綠野仙蹤》裡的錫樵夫象徵當責的第二個層面——承擔責任，找一顆心，做自己際遇的主人。這點讓桃樂絲更加明瞭，成果來自我們內心。在下一章裡，稻草人將讓你看到，要如何取得智慧、解決問題。他同時會教導你，如何應用正視問題與承擔責任的能力，結合解決問題的能力，協力移除沿途的障礙。

第6章 稻草人

取得智慧，解決問題

「你是誰？」稻草人伸著懶腰，邊打呵欠問道：「你又要去哪裡？」

「我是桃樂絲，」女孩回道：「我要去翡翠城，請偉大的奧茲送我回堪薩斯。」

「翡翠城在哪裡？」他再問道：「奧茲又是誰呢？」

「你難道不知道嗎？」她反問道，一臉詫異。

「不知道，真的，我什麼都不知道，你看，我塞滿了稻草，所以我根本就沒有頭腦，」他傷心地回答。

「哦，我真為你難過，」桃樂絲說。

「你想，」他問：「如果我跟你去翡翠城，奧茲會給我一點頭腦嗎？」。

「我不知道，」她回道：「不過如果你願意，可以和我一道去，就算奧茲沒能給你什麼頭腦，你也不會比現在更糟了。」

——《綠野仙蹤》

法蘭克·包姆

幾年前，豐田汽車（Toyota）用大腦解決一個競爭對手都還沒有正視或承擔的問題。雖然全世界的整體環境面臨嚴重的產能過剩、業務成長遲緩、廠房關閉的問題，這個舉世第二大汽車製造商卻一直在擴充產能，建造新廠，因為該公司希望自己在被問題解決之前，先解決問題。其他公司都沒了大腦，這家總市值一千億美元的公司卻用頭腦在重新思考每一件事。

《財星》雜誌有篇文章就在討論這個問題：

豐田很龐大，以保守出名、業績好得嚇人，明明好好的幹嘛作亂？事實上，很有權威性的麻省理工學院在一九九〇年的報告稱該公司為「改變世界的機器」，說它是全世界最有效率的汽車製造商，而今它在重新思考自己做過的幾乎每一件事。日本的經濟衰退令人灰心，而且似乎沒有好轉的跡象，而豐田卻將它變成一個機會，重整其營運架構，將更多的科技帶進工廠，重塑其「精簡生產」制度的傳奇。即使有些方法失敗，豐田還是可能現身成為更強悍的全球性競爭對手。

該公司的獲利連續第二年衰退，它卻不願做出過度反應，依然繼續尋找未來的生存之道。有些歐洲和美國的汽車製造商已經在關閉廠房，豐田卻還在繼續擴建新廠，增加該公司的整體產能到每年一百萬輛。這家公司寧可採取刪節開支的方式去改善效率，也不願縮減產能。豐田是個典型的解決問題的公司，為它的競爭對手設定前進的步調。《財星》雜誌報導：

正當其他公司開始在追趕豐田的「精實生產」制度，它卻已經在調整自己，讓自己適應新的工作和先進的科技。

豐田永遠都是個解決問題的公司，它始終神采飛揚地面對挑戰，而且總是在尋找方法，讓營運更為順暢，同時能夠迅速適應眼前的改變。密西根大學工學院的製造專家多納．史密斯（Donald N. Smith）長期觀察豐田，他警告豐田的競爭對手，必須假定豐田在未來總是能夠隨時改善。如果不這麼想，這個錯誤就會讓你付出代價。我們深表贊同。豐田解決問題的態度永遠不死而且毫不動搖，這種態度無疑將使它在未來幾年內，在全球的競爭對手中脫穎而出。

然而，我們必須提出這項警告——解決問題，代表的是解決真正的問題，而不是虛晃一招或只是為了改變而改變。

在《財星》雜誌的另一篇文章裡，記者敘述安．泰勒服飾公司（Ann Taylor Stores）的傳奇故事：

在整個一九八〇年代，安．泰勒都是婦女選購時髦而高品質的職業婦女服飾的地方，它的價格比百貨公司便宜。而在一九八九年，羅德與泰勒公司（Lord & Taylor）前執行長約瑟夫．布魯克斯（Joseph Brooks），以及美林證券從坎伯公司（Campeau Corp）以四億三千五百萬美元的代價，買下該公司之時，這項策略都還是穩若泰山。但是到了一九九〇年代，布魯克斯公開以每股二十六美元的代價，取下安泰勒的經營權。

布魯克斯身為執行長，開始進行看似為改變而改變的動作，以合成纖維取代絲綢、亞麻與羊毛混紡，同時開始壓榨供應商。

有位供應商是塞安設計公司（Cygne Design）的總裁艾文・班森（Irving Benson），他向《財星》雜誌的記者抱怨：「這簡直毫無意義。布魯克斯告訴我，他要用較低的成本向我買一件外套，結果少掉的錢只能從偷工減料彌補過來。」

同時，布魯克斯將連鎖店從一百三十九家，擴增到二百家。結果顧客並未增多，於是董事會在一九九一年要求布魯克斯下台。代價呢？在一九九一年的會計年度，安・泰勒的營收是四億三千八百萬美元，損失則是一千五百八十萬美元。

為了轉變該公司解決問題的方向，董事選了法蘭・卡薩克（Frame Kasaks）接手經營，她在一九八〇年代經營安・泰勒，離職後進入泰伯茲（Talbots），然後又進了有限（Limited）購併的A&F（Abercrombie & Fitch）工作。

法蘭・卡薩克將安・泰勒大多數比較平民化的衣裝樣式升級，同時設計流程來監控業績，並聘請專攻零售的老手，開發更多休閒與假期的服飾。短短幾年，安・泰勒重獲往日的榮耀與利潤。卡薩克所接下來的爛攤子，並不需要天才來解決；只要堅決地在水平線上運作，找出真正的問題，設計妥當的解決方案，問題就可以迎刃而解。

每一個組織都會不時跟一些令人討厭的問題對抗，因為它們會阻礙優良的績效表現。有一家全世界數一數二的大銀行裡的信用卡部門就使用我們的服務，執行奧茲法則的當責訓練工作坊，設法為該組織的每一個階層創造更強的責任感，尤其是前線部隊。他們特別把焦點放在接線生身上，那個地方的電話流量很大，也因此需要改善所謂的「處理時間」。電話服務中心每天會接到大量來自既有或潛在客戶的來電。這大量的電話將時間和金錢畫上等號——每多一秒鐘的處理時間，就等於年底利潤少了一百萬美元。服務中心的領導階層牢記這點之後，決定他們要為減少處理時間創造當責，將平均處理時間減少50%，這並不容易，因為他們多年來都在努力設法減少處理時間，卻沒有什麼效果。

在管理階層的想像中，要讓每一個人接受這個高目標是一件極度困難的事，令人意外的是，事實並非如此。只不過當你真正致力於做出改變，事情就會困難得多。話說回來，當管理團隊中的每一個人都能夠全力以赴，開始尋找改善績效，他們就會開始改變自己聘用人員的方法，也會開始執行新的軟體解決方案。他們還會開始每日測量並報告績效表現。

此外，他們進行了一項平衡計分方式，將訓練重點集中在最主要的技能與行為。解決問題的心態傲視群雄，來自四面八方的點子蜂湧而入，因為上自最高管理階層，下至前線的接線生，都能夠當責，以減少每一通電話的處理時間。結果是——該公司的年度利潤增加了一億四千三百萬美元。

不幸的是，許多人在設法解決問題時，都不會正視，或為真相做主，使得整個解決問題的過程顯得沒頭沒腦，方向錯誤，就像美國空軍在對抗臭氧層遭到破壞的問題時的做法。

《華爾街日報》有一篇充滿諷刺意味的文章名為〈倖存者沐浴在幸福裡，心知世界從此安全無虞〉（*Survivors Will Glow in Happiness, Knowing the World Is a Safer Place*）。其中有個巧妙的例子：

別害怕——美國政府將會保護臭氧層，代價是一場核子浩劫。美國空軍為了盡一己之力保護地球，計畫改裝它的核彈，裡面的冷卻系統不用氟氯碳化物。這些氟氯碳化物據說會破壞大氣中的臭氧層，而臭氧層卻會保護人體，使人不致得到皮膚癌、青光眼和其他的一些疾病，因為它可以濾除陽光中的有害光線。那就別理會這些州際彈道飛彈其實都帶了三到十個炸彈，它們可以摧毀整個城市，至於皮膚癌和青光眼就不足為慮了。

或許是很好的公關政策，不過要談解決問題，就未免顯得愚不可及了。

假如你只是認清現實，接受自己的際遇該由自己負責，卻無法採取行動，解決真正的問題，將前進佳績道上的障礙清除，那麼你的成就依然有限。要做到這點，就必須運用智慧。

走到水平線上的第三個步驟：解決問題

迅速走上解決問題的步驟，就可以讓成果大不相同。甚至在你完全走上這個步驟之前，解決問題的過程就已經開始了。

看看CNN、《錢》雜誌報導「低就工作者」（underemployed people，或稱「窮痞」〔Duppies〕）：「艱難的時局滋生了一個新的族群——壓抑的、落難的、低就的專業人士。」

這些人大多出身科技界，從高薪工作落難為低工資階層，無數低就的專業人士渴望做得更多卻找不到工作。悲哀的是，他們不僅失去薪資，也喪失了較具挑戰和有趣的工作所能帶來的刺激。如該文的報導：「根據政府的總計數字，有四百八十萬人就業不足。還有四百二十萬人沒有工作卻也不在乎。」

長期失業的人，只要能找到工作就接受，就算是煎漢堡的工作也好。除了薪水較少之外，他們談到工作時，總會有種失意和洩氣的感覺，尤其是時光漸漸消逝，理想的工作卻依然不來。這種就業不足的情形通常是暫時的，但是也可能延長，無論如何，他們的生活方式都會不得已產生相當突然而巨幅的改變。

因此，對這些業界艱困時期的被害者來說，解決問題代表什麼？在這經濟走下坡，或是不顧一切地大幅裁員的時候？

首先，要有所準備，尤其是當你工作其中的行業，是屬於人員流動率極高的行業時。要做一個「專業敏捷」的人，在偶而換工作已經成為常態，而不是例外的時候，要讓自己有一生三度改行的準備。也就是說，你必須利用在職進修，讓自己的技術能力趕得上改變的速度，要隨時和自己這一行之外的業外人士建立關係，還要把一個雞蛋放在籃子外面，讓自己能夠平順地度過這種轉折。

解決問題的智慧還包括預期可能發生的事，做最壞的打算。事到臨頭，迅速走上解決問題的步驟，就可以讓你與眾不同。

五十一歲的珍娜．克麗絲多（Janet Crystal）失去了她在朗訊科技擔任新產品企畫師的工作，她說，這件事情對她的生活方式並沒有造成多大的改變，這有幾個原因。首先，她很幸運地在股市崩盤之前把她的持股出脫了。其次，波士頓地區的居民曾經經歷過大裁員期，因此都很善於儲蓄。最後，克麗絲多說她很久以前就學會簡單生活帶來的滿足感：她珍惜她的花園、好書和友誼。

解決問題的態度與行為來自於持續自問：「我還能如何努力，才能取得我想要的成果？」

每當有些事件發生似乎阻礙你取得成果的道路時，持續而嚴厲地應用這個問題，可以幫助你免於退回到被害者循環裡。面對棘手的問題，通常解決方案不會自動現身，你必須努力搜尋。但是，要小心耗在水平線下的時間，因為它會讓你的感覺遲鈍，使你缺乏想像力而無法發掘解決的方法。

切記，走到水平線上是一個過程，而不是一個單一事件，而通往佳績的道路則是遍布荊棘阻隔，可以輕易將最負有當責能力的人拋入水平線下——尤其是他們如果不再自問這個中心問題：我還可以做什麼來超越我的困境，取得我想要的成果？

在《哈佛商業評論》（*Harvard Business Review*）裡，有篇文章名為〈授權與否〉（*Empowerment or Else*），作者是羅伯·佛雷（Robert Frey），他同時也是一家公司的老闆，他形容自己如何讓他的機構從水平線上走到解決問題的境界。

他描述自己和合夥人買了辛辛納提的一家小公司時，景況有多麼淒慘。

【案例】讓所有員工認清公司目前的困境

創立於一九〇二年的辛梅公司（Cin-Made），是個問題重重的公司，該公司製造混合式罐頭（以硬紙為罐身，罐蓋和罐底二端則是金屬）與郵寄用紙筒。在佛雷購得該公司之後不久，情況更是有如雪上加霜。員工合約並未洽商妥當，以致薪資水準升高到不可思議的地步，而原地踏步的生產線二十年如一日，還有老舊的廠房設備——結合起來使得公司的獲利率只有營業額的2%，甚至到幾乎毫無利潤可言。再不採取迅速行動，該公司不久就要關門大吉。

佛雷是辛梅公司的總裁，他很快明白，要使公司重新獲利，就需要讓公司脫離被害者循環，那麼當公司迫切需要行動時，人們才不會再動作遲緩無力，才能夠迅速而有智慧地解決該公司的問題。

當時是金屬片生產線工人的歐希麗亞．威廉斯（Ocelia Williams）回憶：

「我剛到辛梅公司，那個地方看起來就像個馬戲團一樣。每個小時都要休息十分鐘，人們隨時都可以離開生產線，去洗手間或買包糖果。」

大家沒有正視問題或承擔問題，他們不明白公司的情況有多麼嚴重，也看不到自己目前的行事方法有大幅改變的必要。

佛雷和他的合夥人著手進行一些必要的改變，讓公司走到水平線上，解決公司面臨的問題。和工會進行過幾場艱困的斡旋讓步之後，人們終於開始認清公司所處的困境。佛雷也首度公開讓所有員工看到一些有關公司業績的資料，這些在過去都是屬於機密文件。

佛雷努力讓公司走到水平線上，這點頗有進展，但是他還是無法讓員工走上承擔責任與解決問題的階段。他天天看著這個問題，知道沒有員工的幫助，就無法解決公司面臨的困境。

佛雷回憶：

「我要員工開始擔心。他們有人會在周末時段，花費一點時間，想想公司的表現，問問自己，過去一個星期以來，自己做的決策是否正確？也許我不切實際，但我需要這樣的參與感。」

他繼續說道：「剛開始的情況很糟，但是，我漸漸地明白，工人對公司及其運作的了解，比我或我剛聘請的經理人還要清楚。他們比我們更有能力計畫第二天、下星期、下個月的生產工作。他們對材料、工作量與生產問題的認識更加直接。他們是控制成本與減少浪費的最理想人選。但我該如何給他們一點值得他們在乎的理由呢？」

組織逐漸走到水平線上，人們也開始改變看待自己的職責與責任感的方式。佛雷承認，這並不容易，他說：

「任何的改變都牽涉到恐懼憤怒與不確定感，這是一場面對舊有習慣、狹隘思維、既得利益的戰爭。任何公司想要有所改變，都和改變員工的心與頭腦一樣困難……」

要抓住員工的心和頭腦，要讓他們自然進入解決問題的模式，佛雷執行了一項改革性的利潤分享計畫，建立直接的因果關係，將人們的所作所為和人們的所得連結在一起。

他發覺，他的經理們使用的是命令與控制的方法，「告訴他們該怎麼做」的工作模式，他發現員工也都很自滿於這種工作方式。

「我的經理們相信，經理就是要管理，而以時薪計算酬勞的工人就該聽命行事。問題是，大多數工人對這樣的安排覺得很滿意。他們當然也想要豐富的薪資與福利，但他們除了做好自己原有的職責之外，不願多負一點責任……」

他了解，像這樣的行為讓人們只會抱怨公司的問題，卻不會有任何進展。畢竟，不是你的問題，何苦設法解決？他知道這種抱怨的文化將致辛梅公司於死地。

佛雷繼續說道：「我逼他們學會使用新的設備，這已經夠糟了，我還要求他們更改自己的工作說明書，改變工作習慣，對自己和公司產生新的看法。員工的言行傳達給我的訊息是：『我們不要改變。我們老得禁不起改變。無論如何，我們的工作是不需要思考的。』」

歐希麗亞・威廉斯回憶起，工會領袖確實認為，要員工負起這麼多的責任「並不符合工會精神」。

「這讓我覺得很困擾，」威廉斯說道。「我一直自問，我是不是真的符合工會精神。但是如果公司倒閉，我看不出來我們還能如何保護自己，保住飯碗。很多人覺得這種想法真是莫名其妙。」佛雷的想法是：「但是有誰曾經急著要去負起新的責任呢？」想到他部屬的反應，他說：「他們從來沒想過我會要求他們負起這樣的責任，但他們也不喜歡自己過去的目光如此短淺。」

訓練人們進入解決問題的模式，需要極大的耐心。

佛雷要求人們見他，然後不告訴這些人該做什麼，反倒問他們該怎麼做；當然，他們會反抗。

佛雷問：「我們可以如何減少這方面的浪費？」或「根據這個順序，我們要怎麼安排加班時間？」

他們會說：「那不是我的事。」

佛雷再問：「為什麼不是？」

他們回答：「嗯，就不是。」

佛雷問：「如果你們都不參與的話，我們怎麼可能有參與式管理？」

他們說：「我不知道，因為那不是我的工作，那是你的工作。」

然後，佛雷發火了。

剛開始，佛雷一聽到「那不是我的工作」就會發怒。

佛雷堅持不懈地教導人們，要走進解決問題的模式，並幫助他們了解，「解決問題」並不是附加的，而是工作的一部分。

佛雷回憶道：「漸漸地，那些以時薪計算酬勞的工人，開始擔負起一些解決問題與節省成本的工作。我逼他們、催他們，要求他們在面對和他們的工作相關的問題時，要幫忙解決。有時難免覺得自己像個傻瓜一樣，不過是個滿愉快的傻瓜，因為有時候，有些問題不斷困擾著我和那些經理人，但他們卻可以找出非常簡單的解決辦法。」

將整個組織帶到水平線上，採取解決問題的步驟，辛梅公司正走在鴻圖大發的路上。這家公司現在的差異化生產線，「在一個競爭激烈的市場上，獲利甚豐。」準時到貨率是98%，缺席率根本不存在，臨時工在正式員工的監督之下可以減少浪費，生產力提升30%，人們不再抱怨，「完全固守工作職掌的情形已成過去，」人們賺的錢多於其他同業。

一如辛梅公司的例子所示，解決問題要求個人持續不斷地問自己這個問題：「我還可以怎麼做，才能取得佳績？」走到水平線上，採取解決問題的態度可以幫助初創的公司變得堅強，讓已然茁壯的公司維持領導地位。

【案例】即使面對重重阻礙，仍然努力達陣

雀巢普瑞納公司（Nestlé Purina）計畫在二〇〇三年推出易開罐愛寶（Alpo）狗食，但是，有一次非常成功的上市前市場調查，使得該公司的行銷部門相信應該要加速新產品上市的腳步。愛寶易開罐小組運用奧茲法則當責訓練中的概念與原則開始努力工作，例如不斷自問：「我們還能做些什麼來達成我們想要的成果？」

愛寶易開罐小組將三個廠房——西維吉尼亞州的維爾頓（Weirton, West Virginia）、賓州的亞倫城（Allentown, Pennsylvania）和內布拉斯加州的克里特市（Crete, Nebraska）——的活動組織起來，集合不同範疇的人，達成不可能的任務，將上市的時間縮短一年以上。

愛寶易開罐小組因為這次的優異表現，榮獲該公司的卓越成就獎（Pillars of Excellence Award）。行銷經理克莉絲汀．龐休斯（Kristin Pontius）寫了一封感謝信給每一位參與者，表達她對這項成果的肯定：

「我要寫個簡單的道賀信給愛寶易開罐小組。本周二，這個小組榮獲公司執行長派特．麥金尼（Pat McGinnis）所頒發的雀巢普瑞納寵物照護卓越成就獎。大家得到這個獎，可謂實至名歸。

你們為了達成目標所做的努力，和投入的精神真是不可思議。你們不只達成目標，還讓易開罐出貨日比原先的預期提早三

個星期。你們面對數不清的重重阻礙，卻還是努力達陣。

這些阻礙包括設計特殊的蓋子，必須在設備到達之前自己動手做，還需要滿足令人難以招架的催逼，還得維持品質，將一切整合到雀巢普瑞納的供應體系之中。所有的目標都達成了，甚至超越了許多目標，這一切全都是一個小組不願失敗，只要克服阻礙，辛勤努力的成果。」

艾倫城、克里特市和維爾敦三個工廠的所有成員，他們的作為幫該公司其餘人等設立了一個卓越的典範。那也就是他們在自問「我還能做什麼？」時的答案。即使這看起來像是個不可能回答的問題！

還記得第二章裡，曾經提到陷入被害者循環的麥克·伊歌（Michael Eagle）嗎？他在擔任艾維醫療系統公司（IVAC）總裁時，也曾經幫助他的高階經營團隊和全公司的人採取解決問題的步驟，在他們很可能落入水平線下的時刻，維持在水平線上運作。

【案例】租一架噴射機，達成交貨任務

IVAC開發一套新的五七〇型儀器，那是由七十種不同的儀器零件組合而成，採購這項產品的第一位客戶是密西根州蘭興市（Lansing）的麻雀醫院（Sparrow Hospital），該公司答應這家醫院會在耶誕節之前交貨。到了這一年接近年終的某一天，麥可知道無法如期交貨，因為這五七〇型儀器的印刷電路板還需要臨時更改。他決心要信守IVAC的承諾，設法解決問題，因此他問

IVAC的員工，還能做些什麼，讓他們可以準時交貨？在密集的討論之後，有個可能的方案出現了。如果成立一個專案小組，大家通力合作之下，是否可能讓距離縮小？有人說：「有可能。」麥可說：「是的。」

他立即組成專案小組，小組成員來自產品開發人員、儀器操作人員、工程人員、品質保證人員與出貨人員，他敦促他們將每一個腦細胞投資進來，希望在一個星期之內，便完成電路板的改變。

於是，一星期之後，五七〇型儀器已經可以交貨。但是這時候又出現了一個新的障礙，由於正逢耶誕假期，所有的商業貨運服務都已經滿載。總裁再度問道：「我們還能怎麼辦？」答案來了：「要讓這個產品準時到達，我們只能租個李爾噴射機。」

麥可．伊哥迅速回道：「我們何不去租一架噴射機來？」

這個小組讓麥可這種「非達成不可」的態度嚇了一跳，於是他們熱切地開始努力工作。出貨部門急忙租了一架李爾噴射機，將它的內部重新整理，讓它能夠容納五七〇型的所有包裹。然後，在最後一分鐘，才發現該公司將這筆貨物的大小計算錯誤。即使將噴射機的內部改裝，還是無法容下所有的盒子。目標近在呎尺，貨物包裝員不願意接受失敗，於是他們把每一個盒子全部打開，將七十件儀器全部重新包裝。終於到了十二月十七日的下午三點鐘，李爾噴射機離開聖地牙哥機場，首途密西根州的蘭興市。

IVAC一位產品部經理認為此去前途未卜，因此為了不計一切達成任務，決定隨行前去。幾個小時之後，飛機抵達堪薩斯州的維奇塔（Wichita）加油。飛機在跑道上滑行，預備起飛之際，飛行員偵測到有一具高度計已經故障。由於在低空之下只能飛短程，飛行員於是飛到了內布拉斯加州的林肯地區。產品部經理在那裡聯絡上該公司的交通協調部門，以追蹤那故障的高度計所需的零件。這項工作在該部門來說並不尋常。與航空公司及製造商進行過五個小時的密集聯繫之後，他們找到這個零件，將它運到機場，並且裝上飛機。

十二月十八日清晨三點半，這批貨離開林肯地區，前往蘭興，並在五點四十五分抵達。

同時，IVAC安排了內部服務及訓練人員，預備指導麻雀醫院人員使用這五七〇型的儀器，結果卻在十二月十七日被暴風雪困在芝加哥，於是他們決定漏夜開車，並在第二天早上準時抵達醫院。

十二月十八日早上七點半，IVAC在麻雀醫院開啟五七〇型儀器，並進行其安裝與操作訓練。

其他企業或組織裡，有許多人並不像辛梅公司和IVAC一樣，會問這樣的問題：「我們可以怎麼做，才能讓自己超越困境，取得我們想要的成果？」這也就是為什麼他們無法解決自己的問題。

為何人們無法解決問題

人們剛開始解決問題時，往往都會遭遇到阻力，無論是意料中或意外事件，都可能會造成他們想要落入被害者循環的水平線下。要避免這種情形發生，人們就必須在解決問題的過程裡，致力於停留在水平線上，尤其是在遭致意外危機的攻擊之時。

落入水平線下的誘惑往往強而有力，但我們有一位客戶在面對這種誘惑時，卻展現了不可思議的力量，不僅可以迎戰，甚且能夠戰勝。同樣地，為了保護這位客戶機構與牽涉其中的個人隱私，我們將故事中的狀況與細節加以改變，但我們可以保證，這是真實的故事。

【案例】如何打贏一場沒有一顆子彈的仗？

喬．麥肯（Joe McGann）是一家中型百貨連鎖公司的營運副總，他因為公司業績整體下滑而經歷了充滿挑戰的一年。過去三年來，該公司沒有任何新的促銷或行銷計畫，因此麥肯和他的八十四名店長覺得，自己像是在打一場沒有一顆子彈的仗。

然而，自從那些公司裡的人開始認清自己的困境，並承擔起責任之後，新生命與希望終於彌漫了整個機構，再加上一場新的促銷戰役為店長們帶來了新的樂觀態度，與一種新的「可行的」心態。就連銷售員都同聲喝采。雖然業績開始成長，士氣也已升高，該公司還是需要更多的助力來趕上業績較佳的競爭對手。是的，百貨連鎖有所進步，而且感謝上帝，人們開始有一種停留在水平線上的欲望，外帶一種強烈的解決問題的態度，但是事情並不容易，尤其是那些店長，他們在壕溝裡，日復一日和零售的業績奮戰。

有一天深夜，麥肯在達拉斯堡華斯國際機場（Dallas-Fort

Worth International Airport）和五個當地的地區經理進行一場簡短的會面，他們每一個人都要監管十五到十八家商店。六個人都有其他的目的地，只是為這次不尋常的會面安排了快速的中途停留。他們在一個小型的會議室裡碰頭，每一個人都想讓自己看起來很有當責能力，願意承擔起自己所面臨的狀況，致力於走到水平線上，但是同時每一個人都感覺到自己的處境真是苦不堪言，因為高階主管期待他們的業績持續改善。由於最近的促銷活動效果正在減弱，應允的激勵補償計畫又延後執行，因此他們的壓力更是沉重。

會議正式開始之前，有位地區經理有點遲疑地問起：「在我們開始之前，我們能否先花幾分鐘的時間，大家一起掉到水平線下？我們先來談談，究竟發生了什麼事？」

大家都笑了，但是也紓解了原本禁忌談論的焦慮，每個人的想法傾巢而出——公司裡出了什麼錯？誰有錯？為什麼情況如此不公平？

大約十五分鐘之後，麥肯終於鼓掌喝采，他說：「好，現在我們都已經一吐為快，讓我們回到水平線上，好決定我們還能有什麼作為，以取得我們想要的成果。」

地區經理在發洩完自己的沮喪情緒之後，終於能夠開步走，進行一項比較有建設性的討論，想想該如何解決問題，去除橫阻眼前的屏障。他們都知道停留在水平線下，只會讓他們一無所獲，但是他們刻意讓自己陷入被害者循環之中，在短暫的片刻時間裡，傾吐自己的挫折感，訴說自己對眼前的困境感到何等灰心喪志。麥肯和他的五位地區經理都慢慢覺悟，停留在水平線下，並沒有任何好處，只會不智地阻礙他們走到水平線上解決問題。沒有這樣的覺悟，便很容易屈從於停留在水平線下的欲望。事實上，麥肯和他的地區經理也都對他們過去的會議成果做出評論。一般而言，他們都會停留在水平線下，將他們的被害者態度帶回去給他們的店長們。

麥肯和他的五位地區經理都曾經有這種感覺——不想去設法解決問題，而當人們真的不再自問解決問題的方法，他們就會落回到被害者循環，也就無法找到他們需要的有創意而積極的方法，爭取較美好的未來。

《財星》雜誌裡，有一篇布萊恩．杜勉（Brian Dumaine）所寫的〈盡早離開惡性競爭〉（*Leaving the Rat Race Early*）。作者舉出一項羅普民調（Roper survey）結果，在受訪的民眾（一千二百九十六人）裡，只有18%覺得他們的「事業對生活與財富的幫助很大」。根據這篇《財星》雜誌的文章指出，全職工作令人愈來愈不滿意，有愈來愈多的美國人覺得自己工作過量、壓力過大。

這篇文章提出一個饒有興味而發人深省的想法，卻未提出一個更重要的議題——受訪者之中，有82%的人陷入水平線下，遭到不平際遇的荼毒。然而，事實上，如果他們能夠承擔自己的責任，那麼他們的工作對他們的生活和財富都會更有幫助。

《財星》雜誌的這篇文章指出，如果你能夠提早退休，你的生活和財富都會讓你更滿意，但是，它並未說明職場本身就可以幫助你改善生活品質、增加你的財富。該文只是反映組織內人們的一般態度，他們對自己的際遇完全沒有掌控或影響能力；他們只是典當品、受害者，根本無法採取任何行動，只能隨波逐流。

相信我們這句話——無論你在機構內的哪一個階層，每一個人都應該要認清真相，了解自己對工作感到不滿的原因為何，做自己際遇的主人，那麼你才能夠培養解決問題的智慧，消除眼前的障礙，才能夠走向令自己更滿意的未來。

如果大家都能回應《財星》一文的呼籲，走上提前退休的路，那麼還是會遭遇到無數的艱難險阻：

中途放棄，等於提前退休，需要一點遠見與訓練；但是，並不如你想像的那麼困難。

也許真是如此，不過這並不表示你將從此海闊天空，暢行無阻。你還是需要有解決問題的智慧。無論你依舊是個全職員工或是「中途放棄」，你都還是可能陷入水平線下。

《財星》雜誌舉出某人在提前脫離比賽隊伍時，必須小心留意的事項：

聽起來不壞，但是如果你沒有退休金或老人年金，你希望如何生存？財務計畫師建議你採取一種兵分三路的方法。首先，要準備讓你的生活方式變得精簡一些。你或許必須在國內地段比較便宜的地方買個小一點的房子，告訴你的孩子們，他們不能指望長春藤的學校，買輛二手車，新車就省了。其次，你或許必須一年工作幾個月或一周工作幾個小時，幫忙你的老雇主或是找個新頭家（包括你自己）。第三，你得存夠錢，才能彌補你的新工作較低的收入。

換句話說，即使你提前退休，你還是得繼續自問，你該怎麼做才能達到你的目標。提前退休換了場景，你的旅程卻是依然。當你遭遇到伴隨新場景而來的新的挑戰與阻礙，你還是得學著走到水平線上。前進到水平線上的過程，如果聽起來像是需要你去冒點險，很好，因為確實如此。但是，停留在水平線下的風險更大，因為你永遠得不到自己努力尋求的佳績。

無論你是正在試著維持目前的工作，希望有所改變或是想要退休，除非你克服陷入水平線下的誘惑，你都無法成功。的確，你和成果之間有一些屏障，你必須集中心力，設法去除這些障礙。那些做不到的人總是會有些不愉快的後果，一向如此。

未曾解決問題的後果

根據《華爾街日報》的一篇文章說，如果大學教科書出版商再不採取解決問題的態度，就會失去他們的整個市場：

科技革命正在橫掃高等教育。在德魯大學（Drew University），校方發給每一位剛進來的新生一部高效能筆記型電腦，有些教授指定的教科書是軟體，而不是書本。諾曼．羅瑞（Norman Lowrey）教授教的是作曲，他的工具是軟體，他讓學生在自己的電腦上做好曲子，然後可以放出來聽。在康乃爾大學的獸醫學院，他們讓學生在治療實驗之前，便可以用電腦模擬的方式檢驗動物，還聽得見心臟的跳動。

「如果他們得去殺死毛絨絨的狗兒，就會覺得很難受，」行政人員凱希．艾德門森（Kathy Edmondson）說：「即使是在電腦上。」但是，大多數大學教科書出版商還沒有能力迎接這項科技轉變。雖然有光碟機、互動電腦軟體和所謂的多媒體開發等的大學教科書市場價值二十六億美元，但這些出版商在新產品的銷售上，還是可能失去這片潛在的金礦。他們的財富全淪陷在標準的教科書製造與行銷上，而這些卻都漸漸地落在時代與科技後頭。

大多數出版商可以正視這個迅速出現的現實，有些人甚至願意做它的主人，但還是很少有人將這個問題轉變為機會。

例如羅伯．林奇（Robert Lynch），是麥格羅．希爾（McGraw-Hill）出版集團的優質（Primis）服務部主任。「優質」是一種資料庫的運作，讓教授可以訂做自己的教科書。

林奇說：「如果我們做得對，將高科技教育出版事業的潛力完全開發出來，那麼這就是個五百億美元的市場，而不是二十六億美元。」

如果有一天大學生會購買較少的書，而買較多的電腦磁碟，以及買更多教授根據需要而從資料庫裡製作出來的書籍，那麼有遠見的教科書出版商就必須正視趨勢，承擔起來並且解決問題，而後終於能夠從這項改革之中，取得豐碩的利益。

又如我們的下一個案例顯示，有些人會在前二個步驟（正視現實、承擔責任）妥協，結果卻在第三個步驟（解決問題）摔跤，這種情形並不罕見。

為了保護我們一位客戶的隱私，我們用創意軟體公司來做為該公司的假名。該公司負責程式設計與開發部門的四位主任在面對他們的上司時，已經到了山窮水盡的地步，而他們的上司則是程式設計與開發部門的副總。在處理產品開發的截止期限與產品品質標準問題時，鮑伯就是不願負起完全責任。他在其他方面算得上是才華橫溢，但他會很輕率地允諾一個不可能達成目標的日期，然後草草交出一個不良成品。

另一方面，那四位主任各自負責一個不同的程式設計與開發營運小組，他們都可以清楚看見目前的情況，甚至可以承擔起責任來，但他們卻無法更進一步解決問題。他們無能超越承擔責任的步驟，而是不斷抱怨：「我們試過了，但沒有一件行得通。」他們就是看不見有創意的解決方案。

程式設計與開發部門在這位副總的不當領導之下，加上四位主任所表現的，那些我們熟悉的被害者循環的徵兆，該部門持續顯得欲振乏力。每當他們走向水平線上，設法解決問題，結局都還是會落回水平線下，覺得灰心喪氣。由於副總的領導方式，他們認為無法改變目前的窘境，也無能對需要改變的一切產生影響。創意軟硬體公司沒有新產品，在市場上的信用有如江河日下，因為他們的經銷商，通路業者與零售商在面對他們的承諾時，都會自動開始打折扣，即使他們準時達成目標，別人還是不相信他們能夠如期引進毫無瑕疵的產品，這是未能解決問題所付出的沉重代價。

另一個類似的例子，奇異公司與愛默森電子（Emerson Electric）在水平線下的行為，則是為數百個家庭帶來悲劇與椎心之痛。

【案例】動用所有資源極力否認犯錯

在一則美國廣播電視網（ABC）的新聞節目《黃金時段》（*PrimeTime Live*）裡，克利斯．華勒斯（Chris Wallace）報導，奇異公司的一個咖啡壺用上了愛默森公司的保險絲，結果卻造成咖啡壺燒了起來，毀了許多人的家庭。二家公司都知道這個問題，卻視而不見。根據華勒斯的說法：

「過去十二年來，有數以百計的人用了奇異的咖啡壺而出了問題。不良品燒掉房子，造成嚴重傷害，甚至有人因此喪命。但多年來奇異公司卻不願承擔責任，繼續用這種大公司負擔得起的所有資源，為它的咖啡壺辯護。」

在《黃金時段》的這項報導出現之前，奇異公司已經做了十年的紀錄，顯示該公司預期該年將有一百六十八件求償案件，而結果卻只有42%出現，於是在他們的尺度裡，這算是「沒有傷害」，這項證據顯示，該公司有資料可以認清現實。一年之後，奇異公司回收二十萬隻咖啡壺，證實該公司甚至願意承擔責任。

然而，該公司雖設法改善咖啡壺，卻沒能阻止火災繼續發生。如華勒斯的報導：「奇異公司曾考慮要加上另一條保險絲，卻沒有做到。」幾年之後，奇異公司將它的咖啡壺製造部賣給百工家電（Black & Decker）公司，後者的解決方式，就是加上一條保險絲。

同時，奇異公司控告愛默森電子並獲得勝訴。有位奇異公司的人員在做證時說，幾年來，他們因為愛默森公司的保險絲「不可靠而感到深惡痛絕」。然而，在賣出它的咖啡壺部門之前，奇異公司在解決問題方面所做的努力卻很有限。

即使一個組織擁有像奇異公司這般大量的人才、智慧、經驗與誠信，都還是必須提高警覺，否則你只要走一趟水平線下，就可能全盤皆輸。

你，「解決問題」了嗎？

過去幾年來，我們幫助許多朋友與客戶，將他們認清現實與承擔責任的勇氣轉化為解決問題的行動，而採用的工具則是一張列明各種技巧的清單，裡面都是解決問題不可或缺的能力。你必須從正視現實與承擔責任前進到解決問題，而這張清單，則能夠讓你評估自己往前邁進的能力。

解決問題的技巧

1. 繼續努力

當一件棘手的問題遲遲未獲解決，人類的傾向往往就是放棄，不再繼續嘗試──「等等看」情況是否可能自行轉好。而當你走上解決問題的步驟時，必須留意這個陷阱，繼續努力尋找解決方案。不要將焦點聚集在一些自己做不到的事，結果就是我們不再尋找，也不再思索其他有創意的方法。

2. 堅持不懈

你必須不斷提出這個問題設法解決問題：「我還能做什麼？」重複提出這個問題可以讓一個人或團體形成新而有創意的

解決方案，如此才可能有所進步。有位領導者曾說：「我們堅持下去的工作，在未來會變得比較容易進行；不是因為事情的本質有所改變，而是我們做到的能力增強了。」

3.運用新的思考模式

愛因斯坦曾說：「我們在創造重大問題時的思考層次，是無法用來解決該問題的。」換句話說，使你陷入問題的思考層次無法讓你從該問題脫身，你必須有能力尋求並了解自己視野之外的天空。

4.創造新的人際關係

許多解決方案都會需要新的方法，才能使你產生新的思考與執行的方式。使用這些新的方法時，你經常會需要和別人建立新的關係，而過去你或許並不認為這些人會是你解決問題的良方。這些人際關係包括你的競爭對手、供應商和經銷商，或是公司裡其他部門的人。因此，必須不時考慮建立新的關係。

5.採取主動

解決問題的步驟需要你負起完全責任，才能找到真正奏效的解決方案。通常只有在你做過一切嘗試之後，還能繼續採取主動去探索尋求，不斷質疑，那麼這樣的解決方案才會出現。你必須了解，別人通常不會覺得你的問題就是他們的問題，他們也不會和你一樣想要達成你的目標，因此你必須採取主動，取得成果。你寧可成為什麼樣的人——行動者？旁觀者？或是不知不覺者？

6. 保持警覺

或許聽起來不尋常，但我們向你保證，這和「解決問題」的過程息息相關。保持警覺表示你必須超越「自動領航」的模式，留心每一件可能形成潛在解決方案的事物，尤其是那些習以為常的運作與思考方式。你必須願意挑戰目前的假定與信仰，才能夠突破到一種新的思考層次，帶你離開自己的「自在空間」。

要評估你是否擁有這六項技能，以及你的程度如何，你可以填寫如下的解決問題自我評鑑表。先判斷自己的態度與行為是否總是、從未或偶而反映自己有這些能力。

【圖表 6.1】「解決問題」自評表

在每一項技巧後面，圈出最能夠形容自己的態度與行為：				
		經常	有時	從不
1.	遇見困難時，你會繼續努力解決問題嗎？	3	2	1
2.	你會堅持不懈地提出問題：「我還能做什麼來取得我想要的成果？」以設法解決問題嗎？	3	2	1
3.	當解決方案並非隨手可得，你會主動尋求可能的方案嗎？	3	2	1
4.	你會保持警覺，挑戰自己目前關於行事方法的假定與信仰嗎？	3	2	1
5.	你會創造新的人際關係，以取得創新的解決方案嗎？	3	2	1
6.	你會嘗試發現新的思考問題的模式嗎？	3	2	1

現在，花幾分鐘時間，衡量自己的評鑑所帶有的意涵。誠實評估這解決問題的每一個指標，就會顯示你有那些地方需要加強，以取得解決問題時，你所需要的智慧。

【圖表6.2】「解決問題」自評計分表

得分	評估方針
經常 十八分至十三分	意指你看得到自己的責任感，做際遇的主人，並努力追求一種解決問題的行動路徑。恭喜你了！
有時 十二分至七分	顯示你對解決問題的態度有點模糊。這種勇氣、心靈與智慧的動搖只會帶著你在原地打轉，在水平線上與水平線下之間往返。值得努力！
從未 六分至一分	顯示你需要更加把勁。重讀本章！

在你走向水平線上的途中，採取這通往較佳當責的解決問題步驟，你將可以強化自己解決問題與去除障礙的智慧。你將獲益良多。

培養解決問題的智慧有何好處

一家北美的石油公司因為走上解決問題的步驟，而獲得極大的利益。他們希望改善工安，減少意外，並將美國職業安全衛生檢查署的應登錄事件率（OSHA recordable rating）降低到零（沒有意外），這是一個充滿野心的目標。目前的應登錄事件率是八，因此該公司面臨的是從八降至零的長途旅行。

要讓每一個人走到水平線上並不容易，因為所謂意外的定義，就是「不是我的錯」。但是如果沒有人承擔起責任，那麼該公司能還做什麼事情來減少意外比例？然而，該公司開始實施奧茲法則之後，情況開始轉變了。應登錄事件率開始降低。每一次會議都有人在問：

「我們還可以做什麼來改善工安，減少意外？」

討論演進的結果，沒有人花太多時間在水平線下，而是在四處尋找有創意的解答。最後的成果——安全等級低於一，只有零點七！在安全上的大幅提升帶來了其他的利益，例如因為時間、精力與資源的浪費較少，而降低了成本。儘管該公司尚未達成零事件率，整體的績效改善卻很驚人。

本章早先曾經談到的創意軟體公司的程式設計與開發營運部門的四位主任，他們都認清了現實，甚至也能承擔責任，但是他們覺得無力解決問題，因此不再尋求任何新的解決方案。在許多推心置腹與辯論的過程之後，他們終於決定要克服自己的無力感，採取解決問題的步驟，提出這個問題：

「我們還能做什麼才能克服困境，取得我們想要的成果？」

要回答這個問題，他們決定在公司旅遊的一系列小組討論裡，將自己的疑慮提出來。或許你可以想像得到，奧茲法則幫助他們將整個旅遊的重點，全轉移到新產品開發案上。就在會議之前三個星期，創意軟體公司向母公司提出一個年度的獲利計畫，其中敘及三項新產品的引進將為他們帶來預期獲利的25%。然而，如今獲利計畫中的產品引進必須延遲六個月到一年才能實現。消息傳出，我們可以聽見抱怨的聲浪此起彼落地傳遍整個會議室。

為了解通用軟體公司為何涉入如此不切實際的預測，他們進行了二天的密集檢視，最後總裁認清事實，了解該公司在未來的半年至一年內，都不會有新產品出爐。但他卻鼓勵所有的高階經理人去接受這項事實。然後他們決定要承起擔責任，將問題解決。很快地，一系列的密集行動在機構內執行開來，強調大家一同下功夫解決問題。

接下來的一年半裡，創意軟體公司成功引進了三項新產品，扭轉了大家對他們信用破產的疑慮，包括他們的經銷商，通路業者與零售商。

創意軟體公司雖有短期內必須交出成績單的壓力，然而，該公司總裁以及總裁的部屬，都很有耐性地走過正視現實與承擔責任的步驟，最後才嘗試去解決問題。急就章的做法會造成時程的誤差，與品質的缺陷，而這些都是該公司設法去除的。

只要每個人都能完全看到問題、承擔責任，那麼就可以開始提出問題，設法解決問題，他們必須努力不懈地提出這個問題，直到答案開始成形為止。他們必須不斷努力，才能帶來全新而有創意的解決方案，否則就會一事無成。

無力感曾經阻礙了四位主任脫離泥淖，問題似乎解決不了。那位副總從來沒有看到這個問題，而導致他必須離職而去，但是四位主任終於接受了這個事實：公司取得佳績的力量，其實就在他們身上。那四位主任的飯碗保住了，卻沒有一個人得到副總裁的位置。是的，他們都得到一個寶貴的教訓，但在他們備妥一切，接受這項升遷之前，還需要更有能力當責才行。

每一趟邁向水平線上的旅程，都始於一個問題，也是因為這個問題而充滿動力：

「我們還能做什麼以取得成果？」

問題必須獲得解決，否則這趟旅程就不會終止。創意軟體公司所交出的新產品或許未臻完美，但它至少已經在朝這個方向前進，也有了相當的進步；旅程還要繼續。

創意軟體公司的案例顯示，你必須走到水平線上並且解決問題，成果就可以讓人耳目一新，無論你正在嘗試完成的工作是什麼。如果停留在水平線下，你只能預期灰暗的表現。

當責的最後一個階段：著手完成

稻草人象徵著解決問題的智慧，結果事後發現他始終都擁有這項能力。在故事的這個階段，桃樂絲自己也逐漸明白，她想要的成果，也會來自內在，但是在她踢踢腳跟，回到堪薩斯之前，她還發掘當責的另一個層面。她從奧茲夥伴的身上學得很多，而終於能夠完全了解活在水平線上的力量。

在第七章，同時也是第二部的最後一章，你將會發現桃樂絲如何將當責的四個步驟——正視現實、承擔責任、解決問題、著手完成組合在一起，而能夠達成任務。

第7章 桃樂絲

運用方法，著手完成

魔法師奧茲在靜默中，想到自己成功地讓稻草人、錫樵夫與膽小獅以為讓他們得到想要的一切。

「怎麼能怪我吹牛呢？」他說：「這些人讓我做到了別人以為做不到的事。要讓稻草人、膽小獅與錫樵夫滿意，完全不費吹灰之力，因為他們以為我無所不能。但是，要讓桃樂絲回到堪薩斯，就不能光靠想像力了——我清楚得很，其實我一籌莫展。」

——《綠野仙蹤》

法蘭克・包姆

在《財星》雜誌的年度調查裡，沃爾瑪（Wal-Mart）的前執行長，也是目前的執行委員會董事長大衛．葛雷斯（David Glass）獲選為全世界最受推崇的執行長。《財星》雜誌有一篇文章名為：〈大衛．葛雷斯（玻璃）在火中不致碎裂〉（*David Glass Won't Crack Under Fire*），該文說明為何這位著手完成的執行長在他的同儕之中，格外值得我們讚揚：

十六年前，大衛．葛雷斯還在家鄉密蘇里州的消費者市場連鎖店（Consumer Markets）工作，山姆．華頓（Sam Walton）試過許多次，才說服他加入該公司，擔任財務副總。華頓此舉將整個管理大鍋翻騰起來。

一九八四年，他扯動高層的換將動作，提名當時擔任財務長的葛雷斯為總裁兼營運長，並要求副董事長傑克．舒梅克（Jack Shewmaker）放棄他的職位，調任財務工作。這項調動創造了一場異常公開的繼承競賽，葛雷斯拔得頭籌。

如今，葛雷斯是這家總市值高達五百五十億美元的零售強力屋的執行長，他住在店裡的時間，比他在總部的時間多，因為那是真正的行動地點。他明白，沃爾瑪的成就非凡，是因為管理者很清楚商店走道上的狀況、競爭對手的櫥窗，以及每一位員工的日常工作。葛雷斯手上隨時帶著筆記本，他每提出一個答案，都是問了一百萬個問題的結果。葛雷斯持續不斷地提問，尋求更好的行事方式，他體現了一個正視現實、承擔責任、解決問題、著手完成的高階經理人，總是隨時在水平線上努力運作。

員工從來不擔心葛雷斯突然來訪突擊檢查，因為他們深知他就和他們站在同一條線上，共享他們的期盼和疑慮。沃爾瑪超市的經理人也很尊敬他，明白葛雷斯的平民化作風並非表示他願意容忍平庸的表現。如一位資深經理人告訴《財星》雜誌：「他的要求無疑是百分之一百一十的。我的意思是，他從來都不需要明說。你和他開始談話之前，就已經明白究竟是怎麼回事。」

毫無意外地，多的是公司與經理人要向葛雷斯學習。如《財星》的這篇文章指出：

沃爾瑪這種歡呼鼓噪的方式，有時遭到比較深沉的人士批評，但是有許多公司的重量級人士開始向它靠攏，他們都來到班頓維爾（Bentonville），想知道這一陣喧嘩是怎麼回事。

比方說，奇異的傑克·威爾許到沃爾瑪參觀，是一位受歡迎的訪客。寶鹼（P&G，Procter & Gamble）前執行長約翰·史梅爾（John Smale）接掌通用汽車（GM，General Motors）擔任董事長時，他一開始就是帶著執行長傑克·史密斯（Jack Smith）和其他通用汽車的高階經理人，出席一場沃爾瑪的管理會議，據說是為了學習如何不用日曆來制定決策。從IBM、柯達（Eastman Kodak）、西南航空（Southwest Airlines）、莎莉蛋糕（Sare Lee）、寶鹼、以及安海斯布希啤酒（Anheuser-Busch），都到沃爾瑪取經。

沃爾瑪的成長與佳績可謂有口皆碑，但大衛·葛雷斯卻相信更出色的表現還在未來。換句話說，你不只是著手完成，之後只是安住於你榮獲的桂冠。取而代之的是，日以繼夜地完成更多。

《商業周刊》（*Business Week*，現為《彭博商業周刊》

〔*Bloomberg Businessweek*〕）有一篇文章談到更多有關沃爾瑪和大衛．葛雷斯的這則故事：

三年前，沃爾瑪似乎撞牆了。利潤成長趨緩，投資人四散逃生。但是，大衛．葛雷斯，這位自從一九八八年開始擔任沃爾瑪超市執行長的人物，卻有能力在這零售業巨人的體內，注入他們迫切需要的新活力與方向感。他最大的成就：搶進雜貨事業，運用巨型的「超級中心」（supercenters）販售商品與食物。如今，現年六十三歲的葛雷斯也在實驗小型市場。這使得沃爾瑪無論在第一街或華爾街，都顯得朝氣蓬勃。

葛雷斯的祕密是什麼？是他不死的決心，矢志讓美夢成真，建立他的連鎖店，成為全球品牌。

「沃爾瑪的利潤——和股價一飛沖天。在多年所費不貲的投資之後，就連國外的店面，都開始獲利。」

而他的接班人，總經理及執行長李．史考特二世（H. Lee Scott, Jr.）都是沃爾頓和葛雷斯帶出來的優秀人才。

如果你將當責的前三個步驟（正視現實、承擔責任、解決問題）和第四個（著手完成）的步驟結合在一起，那麼，也只有在這個時候，你才能夠體驗活在水平線上的生活，究竟有什麼樣的力量可以讓你取得你想要的成果。

山姆．沃爾頓知名的日落原則（Sundown Rule）依舊引導著沃爾瑪人：

「在這個繁忙的處所，我們的工作全是彼此依賴的，我們的標準就是要在今天把事情做完——當然，是在太陽下山之前。無論那是國內遠方的一家商店的要求，或是公司另一個角落打來的內線電話，每一項請求都會在同一天得到服務。」

所謂日落原則就是——今日事今日畢，而不是等到明天。

朝當責的最後一個步驟前進

終究，個人當責代表著承擔責任，取得成果，著手完成。如果你不設法著手完成，就永遠得不到完全當責所帶來的所有好處：克服困境，取得你想要的佳績。運用另外的三個步驟雖然多有裨益，但唯有你將四個步驟全結合在一起，著手完成，才能夠得到成果。

聯邦快遞（FedEx）在他們的網站上發布如下故事，來說明著手完成的意義，也就是他們最主要的哲學：「不顧一切，使命必達。」

【案例】使命必達、著手完成

柏斯特．納爾（Buster Knull）是聯邦快遞的司機，他前往美國鋁業公司（Alcoa Company）取貨，那是一筆輪子的貨，取貨之後當天晚上就必須出貨送達。其中，輪軸是必備的零件，然而它遲到了，卻還是必須安裝好才能取貨。

柏斯特並非在一旁等著裝好輪軸，而是親上火線，一起幫忙裝好輪軸，並且將輪子上油，以便對方收到貨之後就能立刻使用。

還有一位司機是史帝芬．史卡特（Steven Schott），在一次當班時，為了交出他的貨品，必須不斷為他那過熱的廂型車加水。他回到站上，將包裹換到另一部廂型車上，但果那輛車也故障了。史帝芬不屈不撓，他問一位顧客，能不能借用她騎來上班的單車。

然後，他把聯邦快遞的運貨箱背在背上，將包裹放進箱子裡。史帝芬頂著華氏九十度（約攝氏三十二度）的高溫，騎了十哩（約十六公里），走下山坡，去送交他所有的包裹，他跑了三點六哩（約五點八公里），讓所有的包裹「準時送達」，然後在他休息的時間，又走了二點二哩（約三點五公里）去取件；史帝芬以步行的方式走完全程。

我們在柏斯特和史帝芬身上看到，要在競賽中贏得成果，就必須著手完成。

著手完成的步驟會用到責任感，不只是為了活動，為了應付困境或感覺，而是為了未來的成就。當你將當責的概念和取得較佳成果的目標結合在一起，就可以為個人與所屬組織的活動，創造一種授權與指導的氛圍。當你通過走向水平線上的四個步驟，這種形式的責任感就會產生。停在任何一個步驟上，沒有做到著手完成，你或許可以讓自己遠離被害者循環，但還是無法在水平線上取得一個永恆的地位。任何的努力之後，如果無法讓夢想成真，讓一切完成，就表示你並未完全接受當責的概念。

著手完成需要你繼續努力，停留在水平線上，不讓日常生活發生的一切狀況與問題將你誘回水平線下。如我們在本書中不斷強調的，當責是一個過程，你從當責的任何一個步驟，都很容易落入被害者循環，從第四個步驟也一樣容易。留在水平線上會需要勤奮不懈、堅毅不撓、時時提高警覺，也需要一種接受風險的意願，願意跨出一大步，以完成你希望在生活或組織中求取的一切。

害怕風險或失敗會令人變得衰弱，因此有許多人會在解決問題與著手完成之間築起一道牆。然而，唯有接受風險，你才能穿越城牆，突破所有通往成功的障礙。

分析到最後，著手完成意指你必須為結果完全當責，在取得成果的進程中，無論你如何或為何落入眼前的處境，都還是要隨時當責。

【案例】超重的貨車如何準時到貨？

美國汎通貨運公司（American Van Lines）的一位司機培養了自己的當責力，停留在水平線上，即使情況非常險惡。

這一切都起源於泰拉資訊公司（Teradata Corporation），該公司成立於洛杉磯的一個車庫裡，如今已是優利電腦（Unisys）的一部分。泰拉資訊在電腦資料庫的市場上占有一席之地，取得利基，那是像IBM這樣的大公司遺漏的部分。經過二年的努力之後，他們終於將第一部泰拉資訊電腦賣給在東岸的一家財星五百大的公司總部。

在泰拉資訊的五十二名員工之間，這項成就使得人們歡欣鼓舞。他們在過去長長的二年裡，實實在在地像個家庭一樣工作。如今，在無數的努力之後，該公司終於走了出來，準備送出他們的第一趟貨物。

安排好出貨的那個星期六早晨，所有的員工和他們的家人都來到泰拉資訊的廠房，那是個更改過的倉庫，取代原來的車庫做為營運地點，他們聚集在這裡歡送這部電腦。彩帶與標識掛滿了倉庫的屋椽與簷頭。每一個人都穿著前後印有「大機器」(The Big One）字眼的T恤。就連美國汎通貨運公司的司機登上他的十八輪大卡車時，都感染了這種節慶的氣氛。

這位承包的卡車司機將卡車開出停車場，帶著那個「大機器」，泰拉資訊家族列隊歡送他的離去。司機受到感動而回頭向他們揮手，向他們大聲喊著不會讓他們失望。的確，司機也覺得自己已經加入這個泰拉資訊的團隊，即使他只跑這麼一趟，也因為自己在泰拉資訊這第一項成就上所扮演的角色，而感染到一種強烈的物主感與光榮感。

這位美國汎通貨運公司的司機在八個小時的車程之後，將車開上第一個過磅站測重時，結果發覺這批貨品比法定限制重量超出五百磅（約二百二十七公斤）。他知道超重的問題會導致更多的文件處理與核准過程，這將造成一整天的延誤，讓泰拉資訊無法準時交貨。這時候，你可以想像這位司機極有可能落入水平線下，怪罪公司造成超重的問題。這到底不是他的錯啊！你也可以想像這位司機會多麼容易找一家汽車旅館，等待進一步的指示。

然而，這位司機選擇留在水平線上，願意成為這場困境的主人。只有他能夠「保住」交貨日期。他認清自己面對的現實，也承擔起責任，於是他迅速走上解決問題的步驟。幾分鐘之後，他將卡車調頭，開到最近的卡車停靠站，將卡車的前後保險桿卸下，除掉備用水箱，將所有的工具都藏在附近樹叢下的水溝裡。

他還記得自己曾想到會有失去那些物品的危險；畢竟擁有這輛卡車的人是他公司的老闆，他還是必須對它負責，但是這個念頭稍縱即逝。他知道這是唯一可以讓貨品準時抵達的方法，因此他願意承擔這項風險。

當他回到過磅站，卡車比法定重量上限少了五十磅。他終於鬆了一口氣，對自己的成就感到十分滿意，也覺得很驕傲，於是他開著車子將「大機器」準時送達。他辦到了！

泰拉資訊的人聽說了這位司機的經驗之後，為了表揚他這種正視現實、承擔責任、解決問題、著手完成的態度，他們將他的故事寫進新進人員的在職訓練裡，以做為一種象徵，強化人們在水平線上運作的力量。

還有另一個結合看見、承擔、解決與完成，而成就卓越表現的例子。

我們的一位客戶，十年來他們運用了奧茲法則和我們的訓練，而得以將日常的努力化為公司的成果。

【案例】我們還能做些什麼，才能取得成果？

還記得蓋登公司這個市值三十五億美元的醫學產品製造公司嗎？他們的心律管理（CRM，Cardiac Rhythm Management）事業部，不斷地讓每一個人明白他們這個業務單位的目標。究竟他們是怎麼做到的？

在最近的一次員工會議中，他們對每一位員工提出一個簡單的問題：「你準備做什麼？」根據蓋登公司的說法，這個問題可以讓每一個人去思考如何對整體目標做出貢獻。有產生效果嗎?當然。蓋登公司每一位新進人員都必須參加當責與文化訓練,從中學習當責步驟——正視現實、承擔責任、解決問題、著手完成,並且不斷提出這個問題:「我們還能做些什麼,才能取得成果?」

蓋登公司努力讓員工的目標聚焦於顧客,例如,員工對目標的覺察更清楚,也更能夠持續自問,身為個別員工,要如何讓顧客滿意,以便致力於目標的達成。它的成果令人刮目相看。

在最近的一次狀況中,一位病人已經決定接受蓋登公司的心室除顫器植入手術,但是可能會有風險,因為病人體內已植入另一種器材,可能產生干擾,而刺激神經造成背痛。醫生並不知道這二種器具會產生正向或反向的交互作用,於是在他無法接洽到神經器材製造商的情況下,他打電話給蓋登公司。

蓋登公司接電話的那位技術服務人員,立刻傳真幾篇文章給蓋登公司的現場業務代表,內容是關於蓋登公司的產品,以及它和其他醫療器材可能產生什麼交互作用,後者則是在電話上把這些文章讀給那位醫生聽。那位醫生終於可以安心進行那重要的植入手術。手術之後,蓋登公司的現場業務人員寫了電子郵件給那位技術服務人員:

「沒有你的幫忙,那位病人便無法得到他非常需要的除顫器治療。你救了他一命!」

當時,蓋登公司的二十四小時待命技術服務小組的經理名為戴爾,他說這種事情在蓋登公司天天發生。

「業務代表或醫生時常讚美我們,說我們都是訓練有素的人在接電話。」

蓋登公司因為提供技術協助，而享譽業界，全靠這個簡單的問題：「你準備做什麼？」

當然，提問總是比回答容易得多。

人們為何無法著手完成

大多數沒能著手完成的人，都是因為很難抵抗來自水平線下的重力吸引，它可以輕易將人吸回被害者循環，浪費寶貴的時間、精力與資源，對現狀視而不見，拒絕面對現實，製造藉口，尋找解釋，怪東怪西，一臉茫然，等著看情況會不會自動好轉。

在我們的經驗裡，這種情形經常發生，因為要對結果完全當責就必須承擔風險，而人的天性就是會抗拒這種風險。害怕失敗，就會產生可怕的負擔，而使得走向當責的最後一個步驟顯得艱難。躲在一種安全感的假象裡似乎輕鬆一點，只要找到藉口，就可以避開與風險如影隨形的危險。這種規避風險的態度時常伴隨著行動，也最容易讓你停留在被害者循環裡。

這種情形在組織內屢見不鮮。當責步驟和被害者循環之間有條界線，可以區分有效與無效的組織，而在解決問題與著手完成之間，也有一條無形的線，將好公司與卓越的組織分隔開來。卓越的組織張開雙手，歡迎行動所帶來的風險，無論這些風險承載著什麼樣的危機。

許多公司為了讓人們更有參與感，對成果更能當責，於是都在尋找新的方法來讓員工冒險。這類組織學會在著手完成的概念上創造一種迫切感，而不去理會既有的架構或過去的傳統。

《今日美國》（*USA Today*）有一則故事顯示，當一群人都能夠切身參與時，會有何等情況發生：

「雪佛蘭有個問題。它的卡馬洛車型（Camaro muscle car）很吸引年輕人，也是該公司業績形象的表徵，但在幾年前便成了一堆破銅爛鐵。《消費者情報》（*Consumer Reports*）對它大加撻伐。汽車狂熱份子的雜誌是最有同情心的，但是就連它們都無法忽視那鬆弛的排檔桿、會漏水的窗戶、咔啦作響的儀表板。

龐帝克（Pontiac）（和雪佛蘭同屬通用汽車）也是問題重重。它的火鳥（Firebird）車款和業績較好的卡馬洛都是用同樣的硬體，都是同一個時期製造出來的。通用汽車原來預備把這些車子設計成方程式賽車。

F1賽車的工程經理理查．戴佛格雷爾（Richard DeVogelaere）說：

「業績亂七八糟、品質愈來愈差，漏水、嘰哩咔啦的響聲、難開、電子零件問題——買了卡馬洛或火鳥的人大概都知道，我們就是漫不經心。」

通用汽車不讓大公司的官僚作風阻礙他們改善的路，反而允許戴佛格雷爾所領導的這個比較小而經費不足的團隊，設法解決問題。結果，這個小組只花了二年的時間，便將缺陷與保證期限的賠償情事減少了一半。戴佛格雷爾形容他的團隊如何做到這點：

「預算十分吃緊，但是上頭完全讓我們放手去做，所以我們不需要為任何事情辯解。他們給了錢，然後說：『好好做。』這真的很管用。不用太多人簽名。你只要說了，就會有人去做。這是令人精神一振的感覺。你應該聽說過，該負責任的人，就是那些真正在做事的人。好了，這就是案例一樁。」

另一方面，有些公司無法在員工之間啟動這種責任感，因為他們無法抗拒那種叮嚀的衝動，他們就是會一路囑咐部屬該怎麼做，一直到生產線為止。

債台高築的時代橫掃美國，而造成許多公司破產，終致使得這個國家和全世界陷入難熬的不景氣之中，除了摩根士丹利（Morgan Stanley）之外，很少投資者能夠避開舉債的誘惑。如《時代》雜誌的報導：

在融資購併和垃圾債券融資的全盛時期，貴族投資銀行摩根士丹利通常都是人們嘲弄的對象。比較積極的公司都投入風險較大的新技術，摩根士丹利在主導購併方面是位居鰲頭的地位，卻似乎積習不改，而老是在為藍籌股的公司承受股票，不斷出售投資級的債券。有個笑話說，新潮流是玩弄高風險的獨占事業，而摩根那些自命不凡的傢伙，卻在玩著瑣碎的工作。

摩根士丹利願意冒著失去投資者的險，而繼續它的保守政策，但是就長期而言，事後看來，該公司的政策證實是正確的。摩根士丹利為自己的行動完全當責。它看到垃圾債券的短視近利，雖然嘲笑與批評所在多有，它還是為自己的境遇做主。它將自己的投資多元化，而不光是跳進垃圾債券的花車裡，因此它也解決了問題。同時它取得客戶的信任，維繫正直的形象，而這些都是穩妥堅實的價值觀。時至終了，摩根·史坦利的所作所為，使它成為華爾街獲利甚豐的投資銀行。

細數不願著手完成的後果

假如你無法著手完成，你不僅無法改善自己的狀況，或是取得你想要的成果，還會讓自己處於不斷失望的循環之中。以下故事可以闡釋沒能「著手完成」的後果。

【案例】員工有權利知道公司的困境

策略聯盟公司（SA，Strategic Associates，化名）是一個管理顧問公司，它和許多小型服務組織一樣，發覺很難再維持營運，持續成長。該公司已經學會如何提前二至四個月，預測到將有「無業績」的「懸崖」出現。該公司最重要的人物也要銷售及提供該公司的服務。很自然地，這些要人會仔細留意懸崖的出現，一旦看到自己太過接近懸崖邊，便將注意力從提供服務轉移到業務活動上頭。

策略聯盟公司的組織文化就是要巧妙避開懸崖，但是幾年前，情況出現了轉變，因為懸崖變得更陡峭，也更駭人。事實上，該公司的一般員工並不知道，他們的總經理曾經為了付薪水，而拿自己的房子向銀行抵押貸款二個月。然而，當營運惡化的傳言出現，人們開始懷疑究竟情況有多嚴重，並開始猜測，如果無法改善，誰會遭到裁員。

在這種恐怖的氣氛之下，全公司都落到了水平線下，因為每一個人都開始在怪罪不同的人與活動，責備缺乏業績的表現，以及懸崖問題的重複發生。雖然策略聯盟公司的管理人員為所有的員工進行了客觀的績效評鑑，大多數人卻都還是覺得自己為了公司的問題，而受到不公平的指責，這並不在他們的控制能力之內。在一項每周定期舉行的會議上，大家的情緒都宣洩出來，於是管理當局與員工都同意，是該終止怪罪遊戲、扭轉局面的時候了。

接下來，管理階層投資大量的時間，和所有的員工面談，以更清楚了解問題的真正本質為何。然後，公司全員到齊，召開一次歷史性的會議，將他們發現的所有問題全攤在桌子上，沒有絲毫保留，將眼前困境的所有相關事實，都用圖表揭示出來。坦誠討論與對話進行著，清楚的目標就是要解決業績不振的問題。

正視問題並不難，因為這個問題已經擴散開來。大家情緒激昂地進行會議，沒有任何保留，畢竟，誠實對他們還能造成什麼危害呢？顯然眼前的狀況如果改變不了，策略聯盟公司在未來的二個月內，就得開始裁員。這項會議對每個人都像是當頭棒喝，因為大家都開始明白這個困境往下沉淪的力量，以及他們個人解決問題的能力都實在有限。

高階主管當然有錯，但員工也難辭其咎，他們不願面對業務問題，因為他們不覺得應該當責。那些過去曾經嘗試業務工作的人都沒能得到佳績，其他人壓根沒試過，因為沒有任何業務誘因。有些人責怪管理階層訓練不佳，或是缺乏誘人的獎金，甚至開始看到他們自己心安理得的水準有限，不願自我挑戰，為策略聯盟公司的問題負起責任。人人都允許業務重擔落到高階主管的肩上，尤其是在總經理身上。反正那些高階主管總是能夠爭取到足夠的業績來維持公司的成長，其他人又何苦瞎操心？當然，時至今日，公司已居存亡之秋，大家都覺悟到，該擔心的時候到了。

高階管理者從會議當中，也逐漸醒悟，他們並沒有看清楚一些重要的真相。過去，最高級的業務人員會因為帶來業績，「保住大家的飯碗」而得到高度肯定，但他們必須承認，在這次會議之前，他們都不願和大家分享光榮與財富。幸運的是，他們總是能夠帶著策略聯盟公司從懸崖旁邊掠過，但是在這個十字路口，單靠運氣無法過活。這些高階主管聆聽員工的心聲，發覺所有策略聯盟公司的業績斬獲，都圍繞著總經理和董事長。這是事實，董事長總是認為，這種難以捉摸的顧問服務業務是一種玄祕妙法，只能讓顧問之類的菁英知道。每當策略聯盟公司開發出有潛力的新業務，總是難免將它交給最佳業務員，也就是總經理和董事長去運作，這種習慣更進一步養成大家的這種認知，業務總是最高主管的活動領域。

這項會議開完之後，董事長和總經理也都能夠明白，他們雖然知道如何帶來業務，卻沒有把握去訓練別人。這種感覺有一部分也是因為他們自己需要沐浴在某種成就感之中。畢竟，業務佳績鞏固了他們在公司裡的明星地位。

當董事長與總經理認清策略聯盟公司困境的所有真相，便了解到他們的所有員工都需要得到一些信心，才能夠幫忙解決問題。如果人們能夠自認是問題的一部分，也能為自己的境遇做主，那麼就能夠幫助每一個人看到，自己不僅是問題的一部分，也是解決方案的一部分。由於問題嚴重，無論自己對問題的貢獻是否少之又少，都還是必須承擔起百分之百的責任，否則策略聯盟公司的局面無法扭轉。

在會議中，總經理與董事長都和大家分享了這個看法，於是，有愈來愈多的人開始談起自己能夠也願意貢獻一己之力，設法達成公司的目標。大家的情緒漸漸高漲、人人熱切表達解決問題的期望、信心也一飛沖天，每一個人都培養出強烈的物主情緒，整個組織希望取得成果的力量確實在逐漸增加。

總經理帶著大家進入解決問題的階段，他問：

「我們還能做什麼，才能取得我們想要的成果？」

接下來的討論熱烈激昂，大家都想解決公司反覆發生的業務問題，不僅是為了眼前，也為了長程的發展。一行人開始設計一個業務計畫，讓大家都能直接參與，列舉每一個人能夠做出什麼努力，以免策略聯盟公司落入懸崖之中。這是策略聯盟公司歷史上頭一遭，每一個人都開始在想著，如何能夠發揮一己之力，來增加業務，影響公司的整體業績表現。有些人甚至想到可以找些朋友和舊識，以協助業績的成長。

比這個短程的努力更重要的是，大家同心協力，制定一項長程的計畫，囊括整個顧問團隊，設法讓公司遠離懸崖。這項計畫的重點在於培養所有顧問的業務職能。

最後，每一個人都加入長程的解決方案之中——根據營收潛力，將所有未來的業務分為三類。

任何年營業額在二億五千萬美元以下的生意，都屬於C級，任何一位顧問都可以獨立運作，而不需要高級主管的協助。這可以立即擴展業務團隊，讓更多人打電話給未來的客戶，而不用擔心會失去利潤更大的客戶。時日既久，所有的顧問都會開始擁有業務經驗，讓他們更有能力去接洽大型客戶。B級包括年業務量二億五千萬到十億美元的客戶。這些客戶都由顧問和一名高階主管去接洽，但董事長或總經理除外。A級的客戶則是那些年度業務量在十億美元以上的客戶，他們將得到董事長或總經理的直接關注，外帶一位顧問，那是未來要負責提供服務的人。

為了執行這項計畫，資深顧問為每一個類別列出一項訓練與檢定的流程。直至會議終了，所有的人都感覺到熱血沸騰，認為自己有能力迎向眼前的挑戰。大多數人都覺得自己目前所處的地位對自己和公司都有好處，因為有了新的業務方法，總經理自己也覺得新的計畫，將為公司的未來消除所有的限制與障礙。解決方案不僅可以立即增加業務部隊，還可以培養所有策略聯盟公司的人，創造一部能力高強的機器，它有能力帶來更多業務，讓策略聯盟公司永遠離開懸崖邊。

在會議之後，策略聯盟公司的人員終於要開始著手完成。這是從未發生的事。然而，在這場令人難忘的會議之後的幾個星期裡，正當人們開始要將注意力轉向直接的業務需求，總經理竟簽得一筆前所未見的最大合約，讓每一個人都鬆了一大口氣，因為策略聯盟公司終於解決了燃眉之急。

就在一夕之間，原本需要長期關注的遠離懸崖的問題，以及維持永續成長的念頭便煙消雲散，因為所有的顧問都在忙著自己向來從事的工作：執行高階主管的業務成果。前景如此看好，因為這筆巨大的業務，加上策略聯盟公司截至目前為止的年度業績，已經是它歷年來的最佳營收。結果，董事長與總經理更加深了這樣的神話，必要的時候，唯有他們有能力屠龍，因此他們將訓練與檢定的計畫擱在一旁。員工偶而會哀悼著又過回到「老日子」，卻沒有一個新的業務開發計畫付諸實現。無論管理當局或顧問群都不願冒著新方法可能帶來的風險，策略聯盟公司迅速落入水平線下，等著下一個懸崖出現，但願下一回它不會太過陡峭。

當然，一年之後，挑戰重新到訪，策略聯盟公司發覺自己又走了回頭路。董事長與總經理再度扛起所有責任。不幸的是，該公司沒能採取從解決問題到著手完成的步驟，因而無法停留在水平線上，取得它真正需要的成果。想像如果策略聯盟公司能夠遵循它原來的計畫，將可能出現何等光景。

你，「著手完成」了嗎？

你必須願意對自己的際遇負起全責，完全掌握自己走向成果的過程，而你著手完成的能力，就來自於這樣的意願。如下問卷可以幫助你判斷，你是否願意接受著手完成可能帶來的風險。如果你發覺自己有所遲疑，或不願著手完成，便回頭讀過第四到第七章，讓自己更清楚了解當責步驟。現在，花個幾分鐘時間，衡量自己在面對著手完成時的行為與態度如何。

【圖表7.1】「著手完成」自評表

		總是	經常	有時	偶而	從未
1.	可能將你拖回水平線下的力量出現時，你認得它們。	7	5	3	1	0
2.	你在進行著手完成的步驟時，能夠有效避免分心而被拖回水平線下。	7	5	3	1	0
3.	無論結果如何，你仍主動報告，為進程當責。	7	5	3	1	0
4.	你會主動釐清自己的職責與責任。	7	5	3	1	0
5.	你會鼓勵別人釐清負責與當責對於他們的意義。	7	5	3	1	0
6.	你為了著手完成，願意承擔風險。	7	5	3	1	0
7.	你不會輕言放棄，也不容易被困難擊敗，你會努力不懈，設法讓美夢成真。	7	5	3	1	0
8.	一旦設定個人或組織的目標，你會積極評量自己通往這些目標的進程。	7	5	3	1	0
9.	當環境改變，你要取得成果的努力依然——還是堅定地著手完成！	7	5	3	1	0
10.	你總是能夠讓自己「正視現實、承擔責任、解決問題、著手完成」，直到交出成果、達成目標成果為止。	7	5	3	1	0

填完【圖表7.1】之後，將自己的總分加起來，參考【圖表

7.2】，以便評估自己停留在水平線上與著手完成的能力。

【圖表7.2】「著手完成」自評計分表

總分	評估方針
五十五至七十分	證實你擁有堅強的著手完成態度。然而，你對那些似乎比較缺乏責任感的人必須有耐性，好讓自己有能力影響他們走到水平線上。
四十分至五十四分	意味著你的著手完成態度與行為介於良與可之間，有改善的空間。
二十五分至三十九分	表示你不大願意承擔著手完成所帶來的風險。
零至二十分	顯示你有嚴重的水平線下的問題。你應該回到第四章，重新走上當責步驟。

我們經常要求客戶填寫使用這份問卷，因為它可以讓人們得到別人的意見回饋。從這份坦白的自我評鑑表中，你可以得到不少洞見，但是如果你能得到同事、朋友和家人誠實的意見回饋，就可以獲得更多。

別忘了，能夠當責的人會尋求別人的指教，而別人的批評指教則是能夠創造更有當責力的人。

運用方法著手完成的好處

切身的經驗告訴我們，教授當責都是說的比做的容易。因此每當我們遇到一些罕見的典範，都會覺得感動莫名，因為他們無論面臨多大的阻礙，都拒絕淪入水平線下。這些人不畏艱難，勤勉地奮鬥著，希望改善自己的境遇，結果都一致獲得了令自己與他人驚艷的成果。就這點來說，卡斯坦・索罕（Karsten Solheim）就格外值得一提。

【案例】人生際遇，自己做主！

在一九三〇年代的經濟大蕭條期間，索罕從大學裡輟學，就為了賺錢讓自己足以糊口，只不過他希望有一天能夠再回到校園裡。他做的是修補皮鞋的工作，然後在萊恩康維爾飛行公司（Ryan Aeronautical and Convair）擔任見習工程師，得到許多寶貴的在職訓練與經驗，但還是無法存夠繼續求學的學費與生活費。

最後，索罕離開萊恩公司，進入奇異（GE），他協助公司開發了第一部手提電視機。不久之後，他利用自己的時間發明了第一個「兔耳朵」（rabbit ears）天線，但是奇異公司的高階主管否決了這項發明，於是他和另一家公司共享這個構想與設計，而使得該公司大發利市。不幸地，卡爾斯坦的這項發明並未為他帶來財富，在該公司在出售了二百萬具天線之後，他竟只得到一組鍍金的天線。

然而，索罕並未陷入憤恨之中，他只是學到了教訓，做自己人生際遇的主人，並帶著解決問題的態度發誓：

「下一回我發明了什麼，一定要自己做出來！」

索罕還在奇異公司任職時，一九五九年起便在自己的車庫裡，利用晚上和周末的時間，自己開發革命性的高爾夫球桿，並且以PING為名成立球桿品牌。一如《運動畫報》（*Sports*

Illustrated）所形容，沒有人覺得他會有什麼出息：

「一九六〇年代，卡斯坦．索罕開始在球賽出現時，大家都覺得他是個怪人，但他獨到的眼光讓他直直看向推桿的果嶺。這是球員最頭痛的地方，經常會需要修理損壞的球桿，而他們總是隨時在期望著發生奇蹟『治癒』這個問題。」

索罕在高爾夫球場上尋求專業球員的意見，修改自己的發明，最後終於開發出一種可以在較大範圍內推得更巧妙的推桿，它能夠在球與洞之間進行校準，適用於各式各樣的草地。他成功地說服幾個專業球員來使用他的推桿，同時很高興這些人開始贏球。這種新推出的PING鐵製推桿（PING irons）名聲迅速遠播，燃起的需求不僅是這些鐵製推桿，還有其他各種高爾夫球桿。

積極的索罕從過往的經驗裡記取教訓，他知道必須自己主導未來新產品的開發。換句話說，他必須自己計算風險，像是時機成熟時從奇異離職等。但是他知道，沒有冒險的勇氣就無法讓夢想成真，因此他二話不說、開始動手。一九六七年，索罕從奇異離職，全心全意投入自己的高爾夫球球具事業，把自己的事業從車庫遷出，成立卡斯坦公司（KMC，Karsten Manufacturing Corporation），建立一條高爾夫球桿生產線。二年後，他的業績便從五萬美元成長到八十萬美元。

到了一九九二年，索罕已經是高球球具業界翹楚。今天，索罕即使面對著逆境，依舊站穩水平線上。一九八五年，美國高爾夫球協會（USGA，United States Golf Association）告訴索罕一個壞消息，說他推出的第二眼（Eye 2）系列U型溝槽球桿溝槽的間距不符合高球協會的標準，於是，他開始在法庭上對抗這項指控，同時穩定地在工廠裡開發更多革新的產品。索罕不願放棄自己對著手完成的承諾，拒絕落到水平線下。

索罕在二〇〇〇年往生，享年八十八歲。他的逝世引起高爾夫球界相關人士與領導者無限的哀悼、尊敬與推崇。美國職業高爾夫球協會（PGA，Professional Golfers Association of America）榮譽理事長肯恩．林塞（Ken Lindsay）說：「也許沒有人像卡斯坦．索罕一樣，對高爾夫球製造業產生如此深刻的影響。」

「在今日高爾夫球器具的龐大市場中，有一個始終如一的訊息，就是製造球具的科技可以如何改善擊球表現。這位曾經擔任奇異工程師的人在這個行業裡設立了新的標準，我們所有打高爾夫球的人都很感謝他。」

另一個令人讚嘆的有關當責的例子，是來自我們的客戶蓋登公司（Guidant CRM）。

【案例】人人當責，達成專案目標

蓋登公司面臨一個可能對公司造成威脅的狀況：一個供應商的廠房燒毀，使得蓋登公司無法取得一項關鍵零組件，那是用在該公司新出產的心臟同步除顫器（CRT-D）上的零件。CRT-D是用來治療心臟衰竭的一項重要產品，而蓋登公司則是率先在美國行銷這項新科技的公司。

該公司面臨的不僅是要將業績拱手送給競爭對手——這位競爭對手的器材比較大，在輔助治療上，使用的也是比較不先進的技術——還有失信於顧客，因為他們承諾要提供領先的產品來治療心臟衰竭的病人。

要開發一項產品通常需要很長的時間，至少得要幾個月，但是蓋登公司的管理高層要求產品工程部當責，要他們迅速讓另一項產品上市，以支援那些依賴蓋登公司技術的病人和顧客。過去產品的開發並不屬於產品工程部的職責，因此他們用來執行該計畫的思考流程和傳統的研發團隊略有不同。這項器材將使用不同的平台來設計，以解決製造部門的問題，該部門幾乎已經停止生產該公司目前的CRT-D。

二○○二年六月十日，跨部會的決策者進行一項會議，設立基本規則——一個小時開一次會，討論出一項概念。他們一點時間都沒有浪費，第二天便產出一項獲得核准的概念文件，於是開始倒數計時。

要趕上這項產品的時程幾乎是不可能的任務——八月就要送件到美國食品藥物管理局（FDA）受檢驗——而且沒有分配任何支援的資源。這項專案如今稱為CONTAK CD2，該專案的主持人是肯特・法克斯（Kent Fox），他召集了整個研發部門的團隊經理奉獻心力，發揮自己的才能。其他的計畫因為失去主要的人力，而使得截止期限出現狀況，但是法克斯卻能夠保住CONTAK CD2的CRT-D獲致成功，讓擁有所需技能的人手迅速到位，讓這項專案的目標得以達成。

在這項危機中，蓋登公司應該很容易落入水平線下，逃避問題、漠視後果，等待下一項計畫中的產品問世。畢竟，蓋登公司從來沒有安排過這麼急迫的研發時程。他們何不正襟危坐，希望顧客和病人撐住，等待他們預計在二月分的下一個產品上市？但他們的做法是，管理高層選擇了一個水平線上的方法，他們覺得這個做法可以讓蓋登公司真正保持領先的地位，為顧客和病人提供治療心臟衰竭的技術。他們發動一個團隊解決問題，不再玩怪罪遊戲、不再茫然困惑，而是前進到組織當責的層次，讓整個組織為公司的處境做主。

這個團隊不眠不休地著手完成，法克斯提醒他們，每一天相當於整個專案時程的3%。他們有能力在既有的軟硬體之間取得平衡，甚至加上了一個高能量的模型——這是美國這個產業裡的一項創舉。做出成果的CONTAK CD2比競爭對手的產品體積小了38%，彌補了公司系列產品的一個重要缺口。

該團隊不僅趕上了送到FDA的期限，還提早一個星期。該產品從概念的開發，一直到FDA的審核通過，一共花了四個半月的時間。一般情況下，光是FDA的審核就得耗上半年。該產品送到FDA之後，由於基礎打得好，而且他們和政府機構的往來紀錄向來在水平線上，加上FDA了解這項產品對顧客的重要性，因此迅速通過審核。蓋登公司在十二月推出這項產品，並且立即得到迴響，為病人提供了解救生命的治療方法。這個熱絡的反應為該公司二月份要推出的CRT-D設立了成功的舞台，該產品極臻完美，已經開發多年。

在蓋登公司最近的歷史上，CONTAK CD2無疑是個困難的事件，高階管理團隊和蓋登公司上上下下員工致力於停駐在水平線上，從來未曾退縮。當然路上曾有一些波折，有懷疑和緊張的時刻。蓋登公司大可以花下時間、心力與資源去否認問題的存在，將責任轉移到零件供應商身上。但是蓋登公司做了許多其他公司做不到的事。它克服了被害者循環的重力吸引，堅決地從解決問題走到著手完成，而不顧所有連帶的危險。它的行動有了代價，不僅滿足了客戶，業務成長，還為新產品的開發設立了新的標準。

到了二〇〇三年，一整個系列的產品都被升級到包含快速充電的特性，那是在這次的專案裡面開發出來的。許多蓋登公司的醫生顧客都很重視這項特性，因而對市占率也有相當的貢獻。這項專案之後，新產品的開發策略便能夠迅速地讓其他產品上市。此外，還設定了新的安全措施，避免未來依賴單一的零件供應商。

這個組織了解，他們公司是業界的領導者，因此要取得正確的成果，端賴每一個人都能為這個領導者的聲譽做主，而不顧人們對產品開發路徑的質疑。整個公司在產品開發的過程中，較有信心面對未來，這一切都只有一種完全的責任感才能做到。

運用著手完成的方法會帶來的益處，還可以從一個年輕的商學院畢業生的身上看到，且稱他為泰瑞。

【案例】第一次成為領導者的年輕主管

泰瑞剛得到閃亮亮的企管碩士學位，到一家中型公司接受一位開發部主任的面談，希望謀求產品開發方面的工作。在面談中，主任告訴泰瑞，他在研究所裡的經驗正好符合該公司的需要。

事實上，他向這位年輕人承諾，如果他獲得錄用，他能擁有一個團隊，有自己的預算，以及所需時間，來領導產品開發的工作。不用說，泰瑞熱切地接受了這個工作機會，帶著滿滿的自信心。他在面談的過程裡，知道自己的知識與能力，都在目前組織內的所有人員之上。

事情的進展正如主任所言，打從工作一開始，泰瑞便有了預算、工作時限、計畫團隊，以及所有他需要的自由度，好讓他運用自己的技能與知識做成決策。固然有人抱怨泰瑞只是個初出社會的新鮮人，為什麼他能得到這個機會，但是這位主任卻是明白表示了他對泰瑞的信心，消弭所有的聲音。

在接下來的幾個月裡，泰瑞的團隊努力工作，以開發新的產品。他們發覺，共同辦公（co-locating，將人員從公司裡各個部門打散並在同一個地點上班）可以幫助他們集中精神，不會因為必須面對公司裡的日常瑣事而分心。一切都進行得相當順利，泰瑞覺得自己得到充分的授權，甚至連像總裁這樣的人在問他目前的情況如何時，他都可以簡單回答一切順利：「等著看我們開發的成果，我們會交出你們要的一切，而且還會交出更多。」

由於這是他的第一次獲得真正領導和管理的機會，泰瑞決心要如期交差，交出自己承諾的產品。

為了達到主任所設定的關鍵里程碑，這個團隊不眠不休地工作著。他們甚至在一張會議室的沙發椅上輪流睡覺。從來沒有一個團隊的人帶著這樣的熱忱，這麼賣力地工作。每一個人都相信，這就是公司所要的。隨著時間過去，對產品的需求更為殷切。公司裡的每一個員工，都望眼欲穿地期待著計畫完成。

截止期限的早晨來臨，這個團隊準備好揭示它的成果。二天二夜未曾闔眼，團隊的成員筋疲力竭，但他們因為如期完成計畫，覺得自己的成果甚至超越預期，因此他們依然精力充沛，難掩興奮熱切之情；他們在開發部主任的辦公室裡和他會面。

這是個忙碌的早晨，主任在他的位置上忙得不可開交。團隊進入他的辦公室時，他抬頭望了一眼時鐘，問他們有何需要效勞之處。他們急忙回答團隊已經完成計畫，並且寫妥書面報告，裡頭滿是令人耳目一新的資訊。結果卻讓團隊大感意外，泰瑞更是沮喪莫名，因為主任只是抬頭說道：

「謝謝你們，我會盡快看看。還有別的事嗎？」

整個團隊愣愣地說：「沒事了。」

團隊對主任的反應感到十分茫然，魚貫走出他的辦公室。很快地，這種茫然轉變為失望，大家都生了一肚子的悶氣。更糟的是，在接下來的幾天裡，主任並未針對這項計畫表示任何意見。

一個星期之後，泰瑞去見主任，詢問主任對他和團隊的工作成果有何看法。主任回道，他沒能閱讀報告，因為他弄丟了，他需要複本。

泰瑞簡直無法相信自己的耳朵。他沮喪已極地回到團隊裡，將事情的經過告訴團隊，他們的憤怒很快變成了一場暴動。人們開始談起該改寫自己的履歷表，尋找其他的工作機會。泰瑞自己也覺得真是夠了，覺得自己是個假包換的被害者。但是他不大想對別人訴說事情的始末，畢竟有誰會相信他呢？但是閒言閒語開始傳遍公司，說高級主管對泰瑞和他的團隊的努力感到不大滿意，泰瑞一生從未感到如此窩囊；更嚴重的是，公司裡其他的人都似乎全盤接受主任和別人的說詞。

泰瑞和許多剛從研究所畢業一年的人一樣，開始在考慮自己的去路。他開始和同學討論他們組織內的機會，想對目前的就業市場稍有了解。這時候泰瑞的朋友送給他一本《勇於負責》（本書一九九四年版），於是他開始從另一個角度去思量他的處境。如果他以一個被害者的姿態離職，將來他還能在業界抬頭挺胸嗎？因此泰瑞英明地決定走到水平線上。

泰瑞走上正視現實的步驟，開始和公司裡的其他人談論究竟問題何在。他想知道他們坦率的意見，於是發覺了很有意思的事。首先，他發現公司由於某些產品引進失敗而瀕臨崩解邊緣。他的團隊將注意力全部集中在自己的開發工作上，渾然不覺情況有多嚴重。位處颱風眼的是開發部主任，他不僅必須為問題負責，還得找出解決方案。在主任眼裡，泰瑞計畫的重要性是排在最後的。這讓泰瑞十分意外，因為他以為這個團隊的作為將會捕捉到全公司的關注。畢竟，他的團隊以為這項計畫是公司未來的「中樞」。結果，似乎開發部的每一個人都在日夜工作著，希望解決有如燃眉之急的產品問題。但是泰瑞自己和他的團隊都似乎與世隔絕一般，對公司困難的程度毫不知情。

更糟的是，泰瑞聽說他的團隊在進行報告那天，他的上司，也就是主任，只剩六個月的時間可以扭轉局勢，否則情況不妙！主任剛在公司總部附近買了一棟新的豪宅——龐大的貸款負擔、可能失業的未來，一切的一切當然都讓他如坐針氈。更有甚者，泰瑞聽了不只一個人說，許多該部門的人都恨透了該團隊在進行的計畫。這個團隊完全不讓別人知道自己的工作狀況，或尋求任何別人的意見。人們不喜歡這種祕而不宣的感覺，因為該部門的工作文化向來是大家合作無間的。

泰瑞聽到了這些意見，對自己做的蠢事十分懊悔。他多少刻意疏遠整個部門，這可以解釋為何沒有人對他或他的團隊表示同情，以及為何沒有人會去質疑主任那種完全不著邊際的意見。泰瑞可以明顯看出，主任當然可以幫助他的團隊，讓他們更清楚了解可以如何改善自己的表現，不過，泰瑞同時也明白，他們築起了高牆，也很短視。他或許不像自己原先想像的一樣，是怎麼樣的一個被害人。

他一面走向承擔責任的步驟，一面在腦袋裡更清楚地盤算，如果他改變自己的做法，情況就會大不相同：了解部門的團隊文化，和他的同僚創造開放的溝通方式，沿途尋求他人的意見，留心部門和公司裡有何其他事項發生。泰瑞逐漸明白，他對這一切也能夠當責，他開始更強烈地感覺到自己想留下來改變現狀。他和團隊見面，仔細討論自己新近得來的洞見，這時他發現，大家竟然都有能力輕易列出自己可以有那些不同的作為，以取得佳較的成果。解決方案開始浮現。

泰瑞前進到解決問題的階段，他決心讓部門知道，他是個喜愛團隊合作的人，他不是只想看到自己的成就。他知道這需要花點時間。他必須鼓起勇氣才能夠要和主任一起坐下來，討論究竟發生了什麼事，以及他從這些經驗裡學到了什麼。

泰瑞一邊衡量著自己的處境，一邊心知他正爬到水平線上，走上當責步驟，開始正視現實、承擔責任、解決問題。聽見別人的意見與觀點時，心裡並不好受，要明白自己其實對現狀也有責任，這點也不容易，但是他同時也明白，一定有辦法可以改變人們對他的看法，讓他們知道自己可以全心全意付出。現在這一切都等著他去著手完成！這是當責的第四個也是最後一個步驟。在「知道該怎麼做」以及「著手完成」之間有著很大的距離，但是他堅定意志，接受採取行動的風險。

因此，他辦到了。他採取了最後一個步驟著手完成，完全站到水平線上，泰瑞有毅力地採取步驟，改變了人們對他的看法。因而他在這個過程裡有所成長。他用當責態度去看待自己的經驗，因此克服了那些將他拖回水平線下的力量，不想感覺自己是際遇的被害者。

過了一段時間，泰瑞將他對新產品的知識與改革的意見好好應用出來，而讓他成為一個更大團隊的一員。泰瑞終於成為組織內開發部的主任，這是他喜愛的工作。他花了許多時間帶他的新部屬凡事必須正視現實、承擔責任、解決問題，而且更重要的是著手完成！

預備在組織內運用當責

到了最後階段，桃樂絲運用方法著手完成。唯有當她認清自己其實擁有許多技能，同時將它們運用出來，她才能夠將自己的責任感與境遇結合起來，取得自己想要的成果。她有了前所未見的決心，踢踢自己的腳後跟，回到了堪薩斯。桃樂絲一路都穿著她的神奇小紅鞋，卻一直等到她學會奧茲法則的時刻，才見識到它們的威力——人的內在都有著超越自己際遇的力量，可以取得自己想要的成果。

幾個世紀以來，負責任的人都可以把握這個法則。例如，我們在《聖經．以斯拉記》十章四節（Ezra 10:4）裡讀到一句早在二千年之前就已經出現的話語：

「你起來，這是你當辦的事，我們必幫助你，你當奮勉而行。」（Arise! For this matter is your responsibility, but we will be with you; be courageous and act.）

英國詩人威廉．亨利（William Ernest Henley，一八四九～一九〇三）則是用另一種方法表示。在他生命中最艱困的時期，他因為骨頭結節而失去左腿，他在皇家醫院（Royal Infirmary）為保住他的右腿而奮鬥時，寫下他最有名的詩〈不屈〉（*Invictus*）：

黑夜覆蓋著我，
漆黑有如地獄，由南極到北極，
我感謝各方神祇，
為我那不受屈折的靈魂。

在困境的魔掌下
我並未退避，也不大聲哭泣。
際遇的棍棒交相襲擊
我滿頭血跡，卻昂然挺立。

憤怒與淚水之外，
恐懼的暗影若隱若現，
而多年的威脅

發現，也該見到我，竟無所懼。

通道狹窄無所謂，
懲罰的漩渦湍急也無妨，
我是自己命運的主人：
我是靈魂的船長。

《綠野仙蹤》的桃樂絲回到堪薩斯之後，會和以往截然不同，因為她在那段前往翡翠城的艱險旅程裡，學會自己是命運的主人。她氣喘吁吁地告訴她的家人和朋友，她在奧茲國的奇妙經驗，以及學習到的一切。現在你也可以開始將自己學到的奧茲法則，應用在整個組織裡，這也就是第三部的主題。

第3部

集體當責的成果

——在水平線上運作的組織

要讓整個組織走到水平線上，你必須幫助每一位員工，讓他們為成果負起個人職責與共同責任，因此你必須具有水平線上的領導能力。在第三部，我們將引用過去十年來運用奧茲法則的經驗，讓你了解如何將它應用到你的領導方式，如何在你的組織實行奧茲法則，並將它應用到今日最棘手的企業與管理議題上。最後，你會同意我們的看法：企業成功的關鍵，就是為你的成果當責。

第8章 好女巫葛琳達

水平線上的領導風格

然後，桃樂絲將金帽子給了葛琳達，葛琳達問稻草人：

「桃樂絲離開我們之後，你打算怎麼辦？」

「我會回到翡翠城，」他回答：「因為奧茲國讓我擔任它的領導者，人民也都喜歡我。我唯一擔心的是不知道怎麼爬過搥頭山（Hammer-Heads）的山頂。」

「我會用金帽子命令飛猴（Winged Monkeys）帶你到翡翠城的城門口，」葛琳達說：「人民要是失去像你這麼棒的領導者，那就太可惜了。」

「我真的很棒嗎？」稻草人問。

「不是普通的棒呢！」葛琳達回答。

——《綠野仙蹤》

法蘭克·包姆

《綠野仙蹤》的四個角色完成水平線上的旅程之後，膽小獅找到「正視現實」的勇氣、錫樵夫找到「承擔責任」的熱情（心）、稻草人找到「解決問題」的智慧（腦）、桃樂絲找到「著手完成」的力量，幫助別人也能走過這趟旅程。以他們來說，好女巫葛琳達扮演這群旅行夥伴的導師，一路照顧他們，幫助他們走上正確的路，讓他們能夠做主、當責，取得成果。她就像所有優秀的領導者一樣，不會事必躬親，而是為他們指引正確的方向，沿路教練他們。她會在正確的時刻給予正確的干預，激勵這一行人主動尋找自己的資源、熱情（心）、勇氣與智慧（腦），而終於將他們安全送達奧茲國，或是終於回到了家。

水平線上的領導者

截至目前為止，本書都在描述你可以如何走到水平線上。現在，我們要討論身為領導者的你，如何協助他人發掘奧茲法則的祕密，走到水平線上，超越自己的困境，取得欲求的佳績。

身處水平線上的領導者會有一些個人特質——他們偶而會落入水平線下，卻不會在那裡停留太久；他們會積極尋求意見回饋，提出自己的想法；他們會和別人維持同等標準的責任感；他們也會希望幫助別人服從他們的領導。

今日組織都會要求他們的領導者做出最好的表現，不僅只是達到某個數字就夠了。你必須重倫理、說實話，而且行事作風都要證實你關心身邊的每一個人。

柯恩費利（Korn-Ferry）是一家國際經理人獵才與組織顧問

公司，最近他們針對七百二十六名公司董事進行一項意見調查，受訪者表示，他們發現撤換執行長是因為這些人領導無能，而不是盈收能力欠佳。人們逐漸強調最高主管的有效領導能力，更有甚者，在大多數組織裡，高階經理人都在設法進行決策權力大放送，而使決策能力擴展到企業的最低階層。結果，對大多數組織來說，水平線上的領導能力便成為必備條件，而不只是優勢而已。

我們曾經幫助許多人成為出色的水平線上領導者，在本章裡，我們就要將這些經驗和你分享。首先，當然你必須具備成為這種領導者的動機。假定你曾經體驗到提升至水平線上的力量與自由，現在你就必須決定是否應該要真心幫助別人，使他們也達成同樣的目標。如果你只想用自己新取得的知識威嚇他們，用你優越的責任感和他們競爭，用自己個人的收穫控制他們，或是嘲笑他們水平線下的行為，本章就不會令你感興趣。而另一方面，如果你想要幫助別人脫離他們水平線下的行為模式，那麼應該就會發覺，本章可以讓你獲益良多。

認清該介入的時點

首先也是最重要的一點，水平線上的領導者會知道，他人何時陷入水平線下，而無法取得他們想要的成果。這個時候你應該已經培養了足夠的能力，可以認清自己和別人處於水平線下時的態度與行為，你也應該能夠體會旁人能夠如何將自己的行為解釋得天花亂墜。有時候這些被害者的故事會讓你無法分辨何時該下場干預。

媒體大亨梅鐸（Rupert Murdoch）的商業策略與執業方式向來與眾不同，也因此而得到褒貶不一的評價。他個人的身價高達七十億美元，他的公司名為新聞集團（News Corp），他將它塑造成全球最受推崇、最穩定也最賺錢的媒體。這是怎麼做到的呢？

首先，他絕不接受被害者的故事。《財星》雜誌形容他是媒體巨擘：

他建立了全球的媒體帝國，包括電視網、報紙、雜誌、書和電影。他蔑視傳統，勇於冒險。他得到了一個賭徒的名號，因為沒有人能夠預期他的下一步是什麼，他是個海盜，有自己的遊戲規則，而且是個不理會短期成果的老闆。

實際上，梅鐸似乎只是學會了當個水平線上的領導者，抓住機會取得成果，無論環境如何。當情況需要保守謹慎的方法時，他就會選擇這種方法。當它需要積極冒險時，他也毫不退縮。做為一個領導者，梅鐸從不讓自己或他的管理團隊長期停留在水平線下。

最近，他稱自己為一個如此這般的執行長：

「開著一艘非常保守的船……低著頭，走自己的路。」

但是，現在他又開始大膽行動，因為他看見業界發生了權力轉換的現象，從製播節目的人轉到如康卡斯特（Comcast）和時代華納（Time Warner）身上（假定他們可以躲過破產）。這就是為什麼梅鐸想要購併一個衛星平台，像直播電視網（DIRECTV）或EchoStar衛星電視公司。

《財星》雜誌寫道：

有了衛星平台，梅鐸就有武器，可以保護他重視的快速成長的有線網路，包括福斯新聞（Fox News）、福斯體育（Fox Sports）、國家地理頻道（National Geographic），以及專門播放賽車的速度頻道（Speed Channel）……遊戲方法是，如果是梅鐸在控制分配節目的服務，大型的有線電視業者就不會為難新聞集團。」顯然地，梅鐸會不斷提問：「我們還可以做什麼才能得到我們想要的成果？」

只有這個問題，能夠讓一個組織始終維持在水平線上。

缺乏責任感總會導致問題的產生，而水平線上的領導者卻願意冒著失去舒適與安全感的風險，超越這些核心問題時。他們如果見到水平線下的行為，就會揭開這些自稱被害者的偽裝，顯露出潛藏於下的問題。有些人戴著面具，隱藏真相，而這些領導者卻不願讓自己或別人受到這些面具的愚弄，無情地想要找出人們無法達成佳績的原因。儘管被害者的故事精緻熱鬧，創意十足，還是無法騙倒他們，無法讓他們相信只要別人做得對，就不會有問題。他們了解，治標的方法只是繼續將問題藏起來，或甚至讓它更加惡化。

他們不會落入過動症候群裡，組織內的特殊利益團體為了隱瞞自己缺乏績效而舉辦的解決活動，也無法矇蔽他們的眼睛；許多像是「只要我們如此這般地行事」，一切都會很圓滿，這些話語也無法說服他們。他們了解，組織與制度的改變往往只是隱藏真正的問題——他們有能力穿透迷霧，看清事實的真相。

當水平線上的領導者聽到某一問題，像是「我們的產品品質不佳」，他們不會只是待在原地悲傷哀嘆，而是會立即採取行動，判別整個組織內的人們無法扛起責任的程度有多嚴重，因為事實上產品的品質不良，大家都難辭其咎。這類領導者知道，每當他們無法達到成果，就必須到藉口的背後與交相指責之中，尋找真正的原因，明白為何人們會在水平線下運作。當他們偵測到水平線下的行為，才能開始教練此人或人們走出被害者循環。我們在本章稍後，便會更深入地探討這個過程。

水平線上的領導者會認清介入的時點，幫助他人超越被害者循環，使他們用正確的方法，將注意力集中在正確的議題上。然後，也唯有這個時候，整個團體或組織才能開始創造一個較美好的未來。

不讓自己走向當責的極端

請千萬小心——如果你的做法太過分，不斷地在別人身上刺探水平線下的行為，就可能把資產變成負債，這跟人生的任何其他事情都是一樣的。任何好處或優點如果走到極端，就可能會顯得惡形惡狀，而造成阻礙，使你無法求得表現，取得佳績。

有位領導者將這種過度熱中的表現，比喻成不斷敲打著鋼琴上的同一個琴鍵，直到使得在場的人都開始感到不悅、覺得失望為止。在這種情況下，領導者的效能減低，即使他們找來數不清的資源、人才與解決方案，也得不到好處，無法增加自己的力量。如果你將發生的一切都歸因於欠缺責任感，可能就會誤解了整個問題。然而，如果你在每一個問題上，都無法判別是否出自當責因素，那也是錯得離譜。要高明地介入，你所採用的方法，就必須精巧而堅定。

多年來，我們看到有人會將當責推到了極端，他們逼迫旁人為生命中發生的任何一場遭遇，甚至每一件事情當責。聽來或許稍嫌荒謬，但是就有這樣的極端主義者，他們認為，如果行人走在路邊，被車子撞個正著，那也是他們自己的問題，誰要他們在那個時刻走到街上，而不去走另一條路。真是太荒謬了！然而，我們可以說的是，這位行人或其未亡人必須在車禍之後，還要能夠當責，超越車禍所造成的後果，才能夠走向更光明的未來。

另外，有些人甚至將某人的病痛怪罪他們缺乏責任感，因為他們沒能走出生命的情緒問題或壓力。有某個程度的身體疾病是出自於累積下來的焦慮或懸而未決的問題，但是如果你相信所有的疾病、悲劇、不幸和災禍的發生，全是因為某人做了什麼或沒做什麼，那麼你就犯了大錯，而且是個可能造成傷害的錯誤。

奧茲法則教我們的是，人的遭遇不只是因為他們做了些什麼事（只是一個人隨時都要認清，自己的行為或無為對現狀也是難辭其咎），還出自於一些他們無法控制的變數。然而，奧茲法則讓我們看到，人們如何克服困境，取得佳績，而不只是覺得際遇不由人，自怨自艾。即使在最極端的，人們嚴重受害的情境之中，這些人都還是能夠當責，不讓過去的困境影響到他們的餘生。

人們將當責運用到極致時，還會想要控制別人。他們自認為是「思想的警察」，希望迫使別人走到水平線上，進入一個他們自創的世界，符合他們自己的信仰與偏見。

有一篇《時代》雜誌封面故事的文章稱呼這些過度狂熱的極端主義人士為「好事者」（busybodies）。然而，沒有人應該或能夠強迫別人，讓他們變得更具效率、更有正義感、知識更豐富、更有生產力、更友善、更勇敢、更值得信任，或者政治正確、社會正確。你可以教育他們、鼓勵他們、教導他們、給他們意見、告誡他們、深愛他們、領導他們，但是，千萬不要想去逼迫他們。

在《時代》雜誌的文章裡，作者約翰·艾爾森（John Elson）寫了一則洛杉磯警衛的故事，他因為體重過重而被開除：

「傑西·莫卡多（Jesse Mercado）在《洛杉磯時報》（*Los Angeles Times*）擔任警衛，雖然表現優異，卻遭到革職的命運。」

任何人都不應該因為他們違反了某些莫名其妙而沒有原則的標準，而被炒魷魚或不予雇用。而在莫卡多的案例裡，法庭支持這個看法：

「由於體重過重遭到解雇的莫卡多告上法院，獲得勝訴，而且得到五十萬美元的賠償，外加重返舊職。」

明白自己無法掌控一切

身處水平線上、明智的領導者會知道，無論在生活中，或是在職場上，當情況完全或部分處於人力無法掌控的時候，使用巧妙的方法去處理的效果最好。他們知道有許多事情是在自己的控制能力之外的，其中包括天氣、天災、別人做的選擇、稅金、全球經濟 、身體外表、出身家庭、出生地點、母公司、機構組成、競爭對手的行動、政府法令等等，不一而足。

然而，今天有太多的領導者都在煩惱一些他們無法掌控或影響的事物，《華爾街日報》針對執行長進行的意見調查顯示，有許多令當今執行長徹夜擔憂的事，只不過是杞人憂天。擔憂排名前五項都得到一半以上的選票：員工、經濟、競爭、政治環境，以及政府法令。

明智的領導者會將他們無法掌控的因素，和自己可以有所作為的因素區分開來。例如，既然你無法控制經濟狀況對你有利或不利，花大量時間抱怨經濟只會浪費你的時間精力。然而，如果你花自己的時間試著去開發一些策略，讓自己可以適應各式各樣的經濟環境，這樣的投資就可能讓你得到豐碩的回報。

試著認清所有你會面對的不可控制的議題，將它們和可控制議題區分開來。那麼，你就可以避免落入水平線下，不會抱怨連連或去擔憂自己影響範圍之外的事。同時還要讓別人不要太狂熱地爬到水平線上，想要重塑一切事物和每一個人，讓他們符合你自己的要求。

在如下的表格裡，寫下在你最近的工作和生活中，幾項吸引你過度關注的「不可控制」事項。這些事項包括個性、優點、情況與事件，都是你確實無法產生影響或是很難造成影響的。用0（無控制）、+（少許控制）或++（一些控制）的符號以表示你對這些項目的控制程度。製作這張表可以幫助你，將那些你確實可以形成影響的工作和個人生活定層面獨立出來。在你思考這張表時，要仔細考慮，如果你不再掉落水平線下，杞人憂天，那麼你可以節省多少時間與精力。

【圖表8.1】我的「不可控制事項」

我的「不可控制事項」	
不可控制事項	控制程度
______________________	__________
______________________	__________
______________________	__________
______________________	__________
______________________	__________

在我們的一個訓練課程裡，有一名學員談到她年少時的經驗，她在餐桌上聽著她的父親細數白天裡的工作。她的父親往往情緒激昂地將當天所有遭遇的不快，都歸罪到「老天沒眼、公理不彰、正義已死」。

全家人在吃著晚飯，他卻努力地想要說服妻小，說大家對他多麼不公平，老闆對他多麼惡劣，整個世界彷彿虧欠他。甜點上來，每一個人都想要讓他覺得舒服一點，都確認他的看法，同意他受到委屈。只要對父親表示同情與支持，全家人就可以繼續當晚的活動。

回頭看看這一切，她明白自己的母親和其他家人都對她的父親和他們自己沒有任何幫助，因為他那種對生命的詮釋是處於水平線下的，而他們卻願意接受。他父親的不快樂與這個家庭終至分崩離析，都是他們付出的慘重代價，因為他們未能認清，生命裡有許多事情都是在個人的控制或影響能力之外的。諷刺的是，有許多研究指出，人們所擔心的90%以上的事物，都是完全在他們的掌控能力之外。這是嚴重地誤用憂慮！試想在我們的訓練課程裡的這名學員，如果當時在晚餐桌上討論的事項，比較集中在每一個家庭成員（包括她的父親）能夠做些什麼的事情上頭，將為她的生命帶來多大的助益。

正確認識當責，妥善運用，它就會使你更堅強，讓你重新感覺到自己對際遇也能掌控，也能產生影響，以便取得自己想要的成果。基本上，幫助他人走到水平線上，包括協助他們正視現實、承擔責任、解決問題、著手完成。

以身作則

如果你希望在自己的組織內營造當責，自己就必須能夠成為旁人模仿的典範。你自己必須為所有出自於你的所有決策與行動的後果當責。如果自己做的是壞榜樣，那麼不僅你自己會落入水平線下，整個組織都會被拖下水。例如，《華爾街日報》有一篇文章名為〈怪東怪西的老闆讓部屬無所適從〉（*Bosses Who Deflect Blame Put Employees in A Tough Spot*）。

瓊・露柏林（Joann Lublin）談到一個這類的壞榜樣——將自己個人的挫折怪罪到部屬身上。露柏林說：「在那些有問題的上司之中，抱怨者（blamer）是最難相處的。錯置的罪責會造成傷害，要減少這種傷害，就需要觀察入微而且精明犀利的官僚本能，以及不同層次的風險容忍度。難怪有許多人都只會咬牙切齒而一無作為。」

我們訪談過成千上萬人，他們都強調，凡事怪東怪西的老闆最令他們不齒。

就某些情況而言，在水平線下領導的這些上司可以得到一些短期的收穫。然而，就長期而言，這類水平線下的行為，到最後只會造成失去部屬的信任，讓彼此不再有合作無間的關係，注意力無法集中，而這些卻都是最佳成果必備的條件。這種領導風格終究，而且總是會給人們一些許可證，讓他們落入一種刻意鑄造而成的模式之中，即「藏住你的狐狸尾巴」模式。

如同露柏林的忠告：

「一個身為部屬的人在遭受不公平的指責之時，如果事先保留一些文件，或許就可以為自己申冤，尤其是績效評鑑出錯的時候。波士頓心理學家葛洛德醫生建議，你可以將事件的始末記錄下來，註明日期，寄封存證信函給自己，然後封起封套。他說：『這是一點小小的自我保護動作。』」

這是多少時間、資源與精力的浪費啊！如果做老闆的人能夠終止這種怪罪的遊戲，而集中精神糾正錯誤或是它所造成的後果，那麼所有相關人等的感受必然會好得多。

成功的水平線上領導者，只要在他們的影響範圍之內，都會是每一個人的最佳當責典範。在這種情況下，領導者必須負起責任，以身作則。如果領導者能夠知道何時該介入，何時該退避一旁，那麼他們就可以迴避一些尷尬的場面，別人不用因為領導者隨時監控而緊張兮兮，總是忙著在做點表面功夫，只為了顯示自己能夠當責。在這些情況之下，領導者忘了必須做個當責表率。這類行為只會減損人們的信心，有時甚至會令他們發怒。我們必須重述，良好的領導風格需要一種精巧但是堅定的方法進行。

市面上有許多關於傑克．威爾許的書，包括他自己的自傳《Jack》（*Jack*，繁體中文版由大塊文化出版），該書描繪他擔任奇異電子執行長的歲月。在這許多書中，我們發現諾爾．提契（Noel Tichy）和史崔佛．希爾曼（Stratford Sherman）所著的書《掌握你的命運或任人宰割》（*Control Your Destiny or Someone Else Will*）最能夠發人深省。該書揭露了傑克．威爾許如何真正使得奇異公司脫胎換骨。這本書引起我們的共鳴，因為它的核心訊息，就是主張當責：

> 奇異公司獲得重生的故事令人嘆為觀止，經理人和一般人要想得到幸福，都該來讀讀這本書。要能夠掌握你的命運，這並不只是一個經商的好點子。對每一個人、公司和國家來說，它都是責任感的精髓，也是成功的最基本要求。整個世界日新月異，我們也必須隨著改變。我們所擁有的最偉大的力量，是看到自己的命運——以及改變我們自己。

那就是水平線上的領導風格。威爾許所設定的最主要目標，就是要授權給他的員工，給他們「自信與坦誠，以及一種絕不動搖的面對現實的意願，即使現實很冷酷。」這是易如反掌的事嗎？當然不是。

這裡是他如何形容他所面對的困難：「我也犯過很多錯（真的很多），但是我最嚴重的錯誤是動作不夠快。從皮膚上撕下膠帶時，慢動作比快動作要痛得多。當然你得小心，別造成破壞，也不要把公司逼得太緊。只不過一般而言，人性就是會把你拉回來。你想取悅別人，也想讓人覺得你合情合理，如此一來，你的動作就會不夠快。這除了會讓你更痛之外，還會影響到你的競爭力。」

他繼續坦承其實可以事半功倍：「你在經營一個像這樣的組織時，剛開始總是會覺得害怕，你很擔心自己會毀了它。人們不認為這是一個領導者該有的思維，但這是真的。每一個從事經營的人，當夜裡回到家，總是和同樣的恐懼在掙扎著。回頭看看，我覺得自己太謹慎、太膽小。」

像威爾許這麼用心的領導者，都會努力讓他們自己和組織走上當責步驟，當他們或別人一時落入水平線下時，使用一種精巧而堅定的方法去提醒自己或別人。以下是一些正確的方法，你可以用來提醒組織內的人員：

【當責祕技】保持水平線上當責心態的六個方法

- 你不斷問自己這個問題：「我還能做些什麼？」來取得你想要的成果。
- 不斷敦促你的部屬也提出相同的問題：「我還能做些什麼？」
- 針對某一議題，你請別人告訴你，你是否在水平線上運作。
- 當人們落入水平線下，你會給他們誠實的意見，但同時給予鼓勵。
- 你主動觀察他人的活動，給予教誨，而不是等著他們針對某一特定計畫或課題，提供進程的回報。至於你向自己的上司報告進度時，也絕對不會等待指示。

- 你將自己的討論重點集中在你和其他人可以有所影響的事項上，而不去理會無法控制的問題。以及當你落入水平線下，而有人指出這項事實時，你不會有自我防衛的反應。

一旦你有能力掌握這些優點，個人的表現都可以做為水平線上運作的模範，你就可以開始用同樣的方式教練別人。

教練旁人走到水平線上

要激勵他人當責是需要時間的，它不會因為某一個單一事件而突然發生。許多領導者都誤以為自己的部屬一旦接觸到當責的概念，也完全了解之後，就絕對不會再度落入水平線下。用這種「事件式」的方式看待當責，以為當責會在既定的時刻發生，這種想法是行不通的。

犯這種錯誤的領導者，總是喜歡用責任感做為鞭策的工具，一旦有人落入水平線下，就玩起「逮到你了」的遊戲。這種捉賊一般的行徑，只會促使人們躲回被害者循環。因此，你必須幫助他們感覺到自己因為當責概念而壯大，而不是遭到它的陷害。被害者的故事與被害者的行為當然不能置之不理，但是你必須記得，教導人們走到水平線上的過程需要耐性，細心培養、適度追蹤。

要記得，你想要輔導走上當責步驟的對象，都會有根深柢固的觀點與個性，那是無法迅速去除的，他們很難從一個新的觀點去看待事物，尤其是當他們覺得被一個虎視眈眈的「老大哥」（Big Brother，意指監控者）逼到角落時。出手太重就會讓人們覺得產生隔閡，比方說：「我對了，你錯了。」而在一個公司裡，如果能夠運用比較堅定而精巧的方式，就會讓人們覺得很有參與感，比方說：「我們有了問題，我們一起想想該如何解決。」

【案例】主管搶功，你該怎麼辦？

我們有位名為吉姆的朋友，最近他告訴我們，他在事業剛開始，曾有一次經驗讓他感覺遭到背叛。他在波士頓的一家知名的地區會計公司擔任會計師，後來他開始尋找機會，希望進入他們的客戶的公司擔任帳務主管的工作，這種情形在許多成功的會計師事務所裡是很普遍的事。不久之後，他便找到這種跳槽的好機會，有可能進入一家他向來極為敬重的公司。

他急忙開始和即將離職的財務長進行面談的程序，接著又繼續和幾個月後即將進入該公司的新任財務長進行面談。面談的過程十分順利，吉姆獲得錄用。這個帳務主管的工作讓他充滿衝勁，也很珍惜這種自主權。他真的開始在獨力管理一家公司的財務工作，同時也在等待新任財務長的到來。他覺得自己的前途一片光明，似乎只有天空是他的極限。

他一頭鑽進新工作裡，徹底檢視公司的財務報表。他一面做，一面發現有太多工作必須進行。他的第一件工作，便是調整組織不良的財務報表。他去和即將離職的財務長鮑伯會面，提出一些關於財務報表的問題，結果卻發現他的疑慮被轉移焦點，後者避重就輕、一筆帶過。

「嘿，這也不是什麼大問題，」他說：「你還要過一段時間才能夠進入狀況。」

下個星期一鮑伯和吉姆再度面議，迅速檢視該公司的帳冊。他請吉姆簽下他的最後一張支票。由於這張支票的面額不過數千美元，同時是以他身為財務長之尊所做的要求，於是吉姆不疑有他便給了支票，並祝福他一路順風。他在接下來的一個星期裡更進一步深入研究紀錄之後，發現這位前任的財務長竟說服三個人為他簽了「最後的一張」支票，他大吃了一驚 。

之後的二個月，吉姆繼續細查帳冊，而發現了許多證據，顯示這位前任的財務長透過偽造的申購文件，而侵吞超過一百萬美元的公款。

他一邊蒐集前任財務長的罪證，一邊讓新任財務長了解，後者已經開始一個星期來上一天班，同時正在結束與前任雇主的關係。新任財務長請他在他們建構了完整的證據之前，先將狀況保密，甚至不要讓公司的總裁知悉。有好幾天的時間，吉姆的工作時間長達十四個鐘頭，設法找到足夠的證據，好揭發前任財務長和他的同謀所設下的圈套和舞弊的事端。

有一天早上，公司的總裁和吉姆談話，他順口提到他懷疑前任財務長涉嫌挪用公款，但還無法相信此人真的會這麼做。總裁的反應讓他無法置信，前者讚美新任財務長發現了這一筆混帳，並懷疑吉姆為何竟未發覺此事。指責的矛頭指向這位新任帳務主管，他說：

「吉姆，你來到這裡已經三個月了。為什麼你竟然沒有發現蛛絲馬跡？」

這位新任財務長將吉姆辛苦工作的成果全都占為己有，他震驚得說不出話來，從此發誓再也不相信任何一位上司。

吉姆的故事在許多組織內時有所聞，許多人都會覺得曾經受到自己頂頭上司的欺侮。身為水平線上的領導者，你不能假定你的部屬會主動信任你，認為你是在幫助他們走到水平線上。事實上，你的部屬或許會懷疑你別有用心，尤其是假使你在過去曾經和他們一起準備過被害者的故事，或者在你們的關係之中，並未建立一種提供意見回饋的溝通模式。下一次，如果你想要教練別人走到水平線上，千萬要記得這點。

每當你聽見一則被害者的故事，或是一個水平線下的藉口，我們建議你使用如下的五項關鍵步驟，以教練此人不僅做出回應，而且要學習如何走到水平線上：

【當責祕技】協助他人走到水平線上的五個步驟

1. 傾聽

對被害者行為保持警覺。當你和他人討論起他們做為被害者的故事（為了教練他們），或是聽見水平線下的藉口，必須帶著同情，用心傾聽。

2. 承認

有人會覺得某些被害者的事實與障礙讓他們無法取得想要的佳績，你必須先承認這一切。讓對方知道你了解他們的感受，也明白要克服這些感覺有多麼不容易。你也認為這些挑戰都很難忍受，好人遇到這樣的困境，真是倒楣透頂。

3. 詢問

如果某人似乎深陷於一則被害者故事裡，或是在水平線下的藉口中，就溫柔地將討論重點轉移到故事的當責面。持續提出此一問題：「你還能做些什麼以取得你想要的成果，或是克服這個讓你寢食難安的境遇？」

4. 教練

使用當責步驟，幫助此人認清此刻自己所處的地位，以及他或她該有何作為才能夠取得所要的成果。使用某一特定事件為例，花幾分鐘時間解釋奧茲法則，同時談談你自己陷入水平線下時的故事。向對方強調，偶而落入水平線下是自然的現象，但是停留在當地則將是一無所獲。重點是要爬到水平線上，才能夠產生正面的成果。走過正視現實、承擔責任、解決問題、著手完成的步驟。然後，將每一個當責步驟應用到這個特定情境之中。

5. 投入

致力於幫助某人制定一個水平線上的行動計畫，鼓勵此人報告自己的行動與進程。在設定好一個追蹤的時點之後，才能夠結束一次教練的課程，要留下足夠的時間，但是，不能白白讓太多的時間溜走。如果此人到了指定時間卻未現身，你就自己採取主動。在這些追蹤的時段裡，要繼續觀察、傾聽、承認、詢問、教導，並再度投入。針對進程提供誠實的意見，表達關懷，每有改善便表示慶賀之意。

一旦你開始教練他人走到水平線上，你就會很快發現，受教練的一方積極報告目前行動、為進程當責的價值。

為進程當責

在理想世界裡，領導者沒有必要擔任教練，教導部屬如何當責，因為每一個人都會認識自己在每一個狀況中的責任。然而，由於這不是一個理想國，每一個人都可能墮落，領導者必須將教練工作當成日常習慣。我們強調積極主動的教練，那是將重點放在目前及未來，而我們同時也必須檢討過去——這就是「為進程當責」（accounting for progress）。處理得宜，可以讓人有機會測量交出成果的進度、從過去的經驗裡學習、建立一種成就感、決定還能有何作為、以取得最佳成果。

大多數領導者都會有這樣的直覺，知道人們在描述自己的行為時的價值，但是很多領導者卻做得不好。

【當責祕技】克服十個錯誤，讓報告變有效

- 等著自己的部屬將事情做對。他們不會定期要求報告，而只是放手讓部屬去做，希望人們會主動測量自己的進度。
- 擔心績效不良的報告可能會導致不愉快的對立，而寧可避免。他們害怕這種對立會破壞他們與別人之間的關係。
- 寧可粉飾太平，也不願正眼面對形成阻礙的問題。他們假定人們只是無法超越某些問題，因而選擇對它們視而不見。

- 容忍藉口，接受它們是真的，然而，卻心知肚明這些藉口會使得人們看不到某一狀況的真相。他們允許這種情形發生，希望問題會隨著時間過去而自行解決。
- 讓其他的職責花掉他們所有的時間。他們不會將定期的報告當成最重要的事。他們只是等著結果來為自己說明一切。
- 無法讓別人相信報告進程的重要性。他們自己不看重的事情，別人也不會重視。
- 未清楚解釋自己的期望，對於描述進程的目的也沒有清晰說明。他們接受含混不清的報告，因為他們設定的目標也很模糊。
- 未曾設定明確的報告時間表或時程。他們讓部屬自行決定自己何時報告進程，以及以何種方式報告。
- 無法使用報告的時段來教練他人追求想要的成果。他們只會針對進程表示喝采或提出批評。
- 對雙方而言，要求他人當責並不需要大打出手，造成鼻青臉腫或生命威脅，但他們卻不明白這點。他們讓報告的時刻顯得很痛苦，因此人們開始聞報告而色變。

如果你能夠克服這些常見的錯誤，就會因為有效的報告而獲得數不清的利益。其中的好處包括，指出人們還能有何作為，以取得想要的成果，發放重要資訊，使他人能夠用來破除障礙，找出組織的合理需求，以及幫助人們對自己的報告時段充滿期待，認為它對自己和組織而言，都是正面的經驗。

水平線上的領導者會給予水平線上的描述，也會要求部屬提出報告。有效報告與落入水平線下的無效報告之間是有區別的：

從水平線下：

- 人們只有在接到命令的時候才會報告。
- 人們會為自己的活動辯白或解釋。
- 一到報告的時刻，人們就會開始躲躲藏藏。
- 人們會因為缺乏績效而責怪他人。
- 面對要求改善的建議，人們會採取防衛的姿態。

從水平線上：

- 人們會定期而徹底地提出報告。
- 人們會分析自己的活動，以決定還能有何作為，以取得佳績。
- 時候一到，人們就會站出來提出報告。
- 人們會成為自己際遇的主人。
- 人們會歡迎意見回饋。

假如你在報告進程時，是處於水平線下，組織內的所有其他人也都會如法炮製，但如果你總是在水平線上描述進度，其他人也都會跟著模仿。

【圖表8.2】水平線上領導風格檢查表

1.	我**絕對**是個當責模範。 在我自己未曾當責的情況下，**絕不**要求他人當責。
2.	我**絕對**允許別人偶而落入水平線下，以發洩他們的挫折感。 我**絕不**讓被害者故事和水平線下的藉口輕易過關或未獲解決。
3.	當我聽見被害者的故事與水平線下的藉口時，**絕對**認清它們的真面目。 使別人當責，期待水平線上的行為是我的職責，我**絕不**逃避。
4.	我**絕對**使用當責來增加他人的能力，以取得成果。 當我抓到人們在水平線下運作時，我**絕不**使用當責來做為抓人小辮子的工具。
5.	必要的時候，我**絕對**預期旁人會來教練我走到水平線上。 如果我不是在尋求意見回饋，我**絕不**期待別人來教練我。
6.	我**絕對**以身作則。 我**絕不**認為當責是別人的事。
7.	我**絕對**避免將當責當成唯一要務，而忽略其他所有的事。 我**絕不**隨時要求每一個人為每一件事當責－我知道有些事情是無法控制的。
8.	我教練別人走到水平線上的方式，**絕對**透過傾聽，承認，詢問，教練，以及用心投入。 我**絕不**將當責當成是人們應當立即理解的法則。

從水平線上領導

為了幫助我們的客戶熟悉當責的領導風格，我們製定了一張檢查表，其中包含了大多數水平線上領導風格必須注意的「絕對」（Do's）與「絕不」（Don't's）。定期檢討【圖表8.2】有助於讓你成為部屬的好榜樣。

運用有效的水平線上領導技巧，你可以開始將你的整個組織遷移到當責的較高層次。然而，在你繼續前進之前，花費片刻時間，思考桃樂絲和她的同伴們為何花了這麼長的時間，才領悟到自己原來擁有一向努力追求的力量。葛琳達可以在一開始就告訴他們，但是她在這趟旅程中，明智地提供了正確的教練與協助。身為一位水平線上的領導者，你運用自己領導能力的方式，是可以幫助組織內的人們和團體學得最好。身為一個模範，你必須明白何時該介入，何時該退出，將重點放在可控制的事物之上，教練人們走到水平線上並且為進程當責，這就可以讓你成為較佳的水平線上領導者。

第9章 翡翠城之外

讓你的組織全體走到水平線上

葛琳達轉身看著錫樵夫問：「桃樂絲離開這裡之後，你要怎麼辦？」

他倚著斧頭沉吟片刻。然後他說：「星星國的人們（Winkies）對我很好，在壞女巫死後，他們要我去治理他們的國家。我也很喜歡星星國的人，只要我回到西方之國，我最想做的，就是永遠領導他們。」

「我給飛猴的第二項命令，」葛琳達說：「是要他們將你安全帶回星星國……而且，我確定你會將星星國治理得很好。」

——《綠野仙蹤》

法蘭克·包姆

錫樵夫選擇將他新尋獲的力量與他人分享。這樣的選擇代表著當責的極致表現，也就是幫助組織內的其他人走到水平線上。無論你目前在組織內的地位如何，都可以開始推展奧茲法則，鼓勵旁人走出被害者循環，開始走上當責步驟。整個組織都可以因為你的所學而獲益，無論是你的上司、部屬、同僚，以及所有組織內與組織外的相關人士。

在本章裡，我們將簡述五項主要的活動，這些活動有助於實質改善組織創造當責及維持當責的能力。從事這些活動，你便可能將當責力植入組織內的每一個細微的部分：

1. 訓練每一個階層的每一個人
2. 教練當責
3. 提出水平線上的問題
4. 獎勵當責
5. 使人們當責

任何想要成功創造當責文化的組織，都必須有這五項活動的支持。在本章中，我們將檢視過去十年來，人們的最佳行事作風，以幫助你加速轉型到水平線上。

活動一：訓練人們了解當責

要創造更強的責任感，第一個最要緊的挑戰，就是訓練每一個階層的人，讓他們了解，要取得成果，責任感居於何等重要的地位。最常見的是，並非組織內的每一個人都能夠體會到它們之間的關聯。然而，人們一旦了解之後，就會比較少落入水平線下的被害者循環。要完成在人們觀念中的這種轉變，你可以採取三個步驟：幫助人們認清水平線下的觀點；協助他們轉移到當責的新觀念；努力鎖入新的水平線上的思考模式。

第一步：了解組織內的當責情形

你在組織內執行當責訓練的活動之前，必須先判別組織內的人們對當責的了解與定義如何。首先要認清，人們會以不同的方式看待當責，而且往往都不是最有幫助的正面看法。有些人會怕，會躲藏，或是認為它只適用於別人身上，而不是他們自己。每當你聽見有人在問這個問題：「誰該為此當責？」這往往都是某人已經落人水平線下的徵兆。我們以非正式的調查方式，問了一些人，請他們定義當責，如下是他們的說法：

「當責指的就是出錯時，會發生在你身上的事。」

「當責就是付錢給修水管的工人。」

「當責就是向上報告。」

「當責就是解釋你為什麼做某件事。」

「當責是管理階層加諸你身上的事：它屬於外在，而非內在。」

「當責表示你必須報告行動，而非結果。」

「當責對我而言，是一種負面的概念。」

「當責表示你有負擔。」

「當責是一種管理階層使用的工具，給人們壓力，以取得績效。」

「當責是為了懲罰人們的不良表現。」

「當責是你的上司加在你身上的東西。它會造成不必要的壓力、恐懼、後悔、罪惡感、以及怨恨。」

「當責是這裡沒人要做的事。」

從這些描述看來，你也許會做個結論，認為當責是一種疾病，必須不計一切代價逃避。顯然這種對當責的負面觀感是無法激勵人們朝成果前進的，因為人們認為那是在情況出錯的時候，才會發生的事。當這種觀點在組織內橫行，要在組織內創造更強的責任感，就必須從零開始——了解他們對當責的觀點是多樣而且往往是負面的，同時讓他們知道自己浪費了多少時間精力在水平線下。【圖表9.1】組織當責自評表可以幫助你判別目前組織內的當責情形如何，我們建議你先快速地自我評估，然後再評鑑你所屬的團隊或組織。

要認清水平線下的觀點，就需要先了解何謂當責，並認清你的組織在水平線下運作的程度如何。唯有清楚了解這，你才能夠破除人們對當責的負面觀感。即使是最有責任感的組織文化，都可能偶而落入水平線下，因此每一個人都必須提高警覺，時時留意任何水平線下的行為與態度。

第二步：轉移到當責的新觀念

要讓人們改變自己原有的觀點，採用新的態度與行為是要花時間的。在組織內全心接納對當責的新看法，就會讓整個組織有機會走到水平線上。只有在每一個人都能夠擁抱對當責的相同的正面觀點時，整個組織才能產生最大的效能，取得成果。取得第一個步驟所談的覺知與認識之後，你便可以開始建立水平線上的態度，以改善整個組織的績效。然而，大家的看法若是沒有共識，水平線下的態度與行為就會繼續成為一個抗拒的力量，使你無法具備更強的責任感，無法取得成果。你的部屬與同事必須具備的當責新觀念包括：

【當責祕技】八個當責新觀念

- 認識被害者循環及其破壞力。
- 認清人們何時落入水平線下。
- 認清人們何時陷入被害者循環。
- 接受奧茲法則為當責所下的定義，以及走上當責步驟的必要性。
- 試著增強責任感，以取得組織的成果。
- 了解何謂正視現實、承擔責任、解決問題、著手完成。
- 了解何謂在水平線上運作。
- 接受這點——為成果當責，是組織的期望。

【圖表9.1】組織當責自評表

選出最適合你的答案。						
1.	組織內發生失誤時，你曾經見過人們在責怪他人嗎？	總是	經常	有時	偶而	從未
2.	你覺得人們不願為自己的所作所為當責嗎？	總是	經常	有時	偶而	從未
3.	你覺得人們不願積極主動地報告自己求取成果的活動與進度嗎？	總是	經常	有時	偶而	從未
4.	當球落到地上時，你覺得人們不願「捨身救球」嗎？	總是	經常	有時	偶而	從未
5.	當嚴重的問題包圍了你的組織，人們會「等等看」情況是否自行改善嗎？	總是	經常	有時	偶而	從未
6.	你會聽到人們說，某一狀況已經無法控制，說他們無能為力嗎？	總是	經常	有時	偶而	從未
7.	人們會花時間「藏住他們的狐狸尾巴」，以防萬一有狀況出現嗎？	總是	經常	有時	偶而	從未
8.	人們似乎比較願意為自己的行動與努力負責，而不理會成果嗎？	總是	經常	有時	偶而	從未
9.	你會聽到人們說：「那不是我的工作或我的部門」，而其表現就只是期待別人來解決問題嗎？	總是	經常	有時	偶而	從未
10.	當有問題出現，你覺得人們扛起責任與參與的程度很低嗎？	總是	經常	有時	偶而	從未

將每一個答案的得分：總是＝5，經常＝4，有時＝3，偶而＝2，從未＝1。加起來得出總分，然後使用【圖表9.2】，為你的組織進行評量。

【圖表9.2】組織當責自評計分表

總分	評鑑方針
40至50分	你的組織文化是在水平線下運作的。公司裡的人必須自求多福，以致成為整個組織的經營方式。要解除這種思考模式，你必須非常用心，非常有技巧。
30至39分	你的組織花在水平線下的時間相當多，因此它不斷在腐蝕組織的成果與個人的成就。雖然對當責有著一絲絲的理解，要轉移到比較積極正面的思考模式，則是還得相當用心才行。
11至29分	你的組織文化一般而言是在水平線上運作的。只要你在全組織內提倡當責的積極定義，你們的生產力會更加提升。
0至10分	你的組織文化是在水平線上運作的大師，只要人們在偶而落入水平線下之時，能夠保持警覺，它就會繼續得到出色的成績。

訓練組織內每一個階層的每一個人了解當責的意義，就會創造關鍵的力量與必要的動力，以顯著的方式影響組織的成果。它需要的不只是口頭上的承諾，也不只是在頭腦裡接受就算了事，它還需要深刻的情緒與心理上的投入。如果你有所懷疑，不妨回憶一下，你上一次聽到的被害者故事，想想說故事的人所表現出來的心理與精神壓力。任何想要接受當責新觀念的人，除了智識上的理解之外，還要親身體驗水平線上與水平線下的行為與態度。訓練課程可以讓人們體驗當責的概念，並且加以應用，它不只是「學學而已」，它的幫助確實很大。日常的「經驗」可以將當責概念和真正的運作方式結合起來，它總是能夠加強訓練，也能夠讓實施與執行得到最大的效果！

第三步：使當責的新觀點成為生活方式

要完成這個步驟，你必須隨時鼓勵大家全心投入，以不同的方式運作，放棄水平線下的態度，始終如一地採用水平線上的行為模式。而唯有在個人深入反省，耗費許多時間尋求意見回饋，仔細評量過水平線上與水平線下的行為之後，才可能全心投入。反省的功夫與意見回饋都應該可以幫助人們釐清與計畫一些明確的方法，好讓自己的思考與行為都能夠令人耳目一新。

比起其他方式，意見回饋最能夠讓你組織內的人全心全意投入水平線上，因此你必須學會適時而有效地提供與接受意見回饋，我們將在有關教練的下一個部分討論這項技巧。然而，在我們探索這個主題之前，我們要強調語言與意象的重要性，其中包括被害者循環與當責步驟等等，這可以讓人們省思水平線上與水平線下的行為有何區別。

大多數人都會覺得，實際的意象比抽象的哲學容易理解。因此，試著使用奧茲法則這樣的詞彙和語言，人們就會開始培養出一種簡明易懂的共同語言架構。單單提到水平線下一詞，就可以立即傳達出某人淪入被害者循環，而水平線上則代表著某人想要聚焦於成果。像正視現實、承擔責任、解決問題、著手完成這類的名詞，則是迅速指出這類態度與行為可以讓你產生成果。走到水平線上會成為一個提振精神的名詞，讓每一個參與者知道，這是該採取行動讓美夢成真的時刻，無論周遭景況如何令人不悅。

有了實際的奧茲法則意象，你就可以幫助組織內的每一個人在日常生活裡，尋找方法，將當責態度編織進入公司運作的每一條纖維之中——績效評鑑、決策模式、政策擬定、手把手傳授、口頭及書面的溝通、標準的運作程序，以及其他日復一日的組織生活中的每一個層面。

個人的反省與投入，提供與接受意見回饋，善用當責語言，以及不斷尋找方法，將責任感注入你組織內的每一個隱僻的角落與隙縫之中，這就可以讓人們鎖入新的態度、信仰與行為當中。這時候，你的組織就可以比較完整地達成它的目標，改善整體的績效。

活動二：教練當責

在我們的經驗裡，沒有持續的意見回饋，任何一個組織都無法永遠在水平線上運作。持續不斷的意見回饋在當負的組織文化裡，必須成為一個充滿生氣的部分。在整本書裡，我們都在強調意見回饋的重要性，但我們要將你的注意力轉移過來，讓你看到它可以如何應用在持續的教練計畫之中。

當你決定要建立一種行遍全組織的當責文化，首先就必須創造一種環境，其中團隊成員同意提供坦誠、尊重而適時的意見回饋，以協助每一個人認清自己何時落入水平線下，並且幫助他們採行當責步驟，迅速回到水平線上。意見回饋不需要太過花俏，而是要清楚、明確而有建設性。責怪別人落入水平線下和協助他們看見提升到水平線上的價值之間，有些細微（或不怎麼細微）的區別。

【案例】讓我們一起做些什麼，讓事情圓滿完成

比爾．漢森（Bill Hansen，化名）是一家公司的業務經理，他稱得上是與我們合作的人當中，最典型的經理人。他曾經體驗過當責的重要性，因此覺得很想讓當責成為他組織內的核心價值觀。

有一天早晨，在一場管理會議中，有一位名為史丹的同事提出目前工作的現況報告，內容是關於他團隊的重要計畫。

比爾一邊聽著，一邊做出結論，史丹目前陷入水平線下，因為在他的敘述當中，有許多都是責怪別人使得他的團隊所執行的計畫沒有進展。

比爾的注意力從史丹的解說裡轉移到室內的其他人身上，因為他想看看大家對這份報告的反應為何。他看著聽眾注意的焦點，有種感覺，似乎在場的每一個人都很能接受史丹為自己團隊表現不佳所做的解釋。

他明白，過去的他或許也會接受史丹這種水平線下的藉口，但是，現在這些藉口聽起來都頗為刺耳。他應該透露自己的感覺嗎？如果他不這麼做，似乎沒有人會質疑史丹的報告，但是如果他這麼做，其他所有的經理會不會覺得遭到冒犯。他在兩者之間琢磨著，大膽開口會帶來個人的風險，但是他又想將這個團體拉到水平線上，他感覺到內心的衝突：他自己的責任感敦促他發言，但他對這個團體的敏感度卻又要他心平氣和。

突然間，他頓悟了。「我自己的思考方式就和室內的每一個人一樣，都遠遠落在水平線下。公司非常迫切地需要我大聲發言，我必須當責，將組織提升到水平線上。」

那時，比爾開始認真考慮該從何談起。他是否應該簡單地告訴史丹，他不過是在訴說一則被害者的故事？或許有道理，但是他又想起他在訓練中學到，不能拿當責來做為打擊別人的工具。他一邊繼續思量著自己的困境，一邊懷疑，是否有任何人和他用同樣的方式在看待史丹的報告。果真如此，就會帶出一場生動而有建設性的討論；否則，比爾比較明智的做法，是避開他人耳目私下教練史丹。

就在這時候，另一位同事茱莉舉起手來。

「史丹，我聽到了你的說法，」她說：「我也知道這項計畫向來運作得不大順利，但我還是忍不住在想，你和我們其他人的可以做些什麼來讓它圓滿完成呢？」

茱莉的觀點和比爾的想法不謀而合，比爾也無法說得比她更好，他立即覺得自己沒有早些說出來，真是糟透了。整個房間於是開始出現各式各樣的建議。每一個人都不僅沒有攻擊史丹，還給了他許多支持，提供創意十足的建議。比爾覺得鬆了一口氣，同時也覺得很懊惱，結果是其他人也大多看到他所看到的問題，唯有茱莉具備足夠的勇氣，為自己的信仰採取行動。

會議結束時，公司總裁特別讚美茱莉：「茱莉展現我們公司迫切需要的領導才能。」

案例中，比爾學了寶貴的一課，從此不再退縮。大多數人對誠懇的意見都會有良好的回應，只要它是來自教練，而非責怪的人，前者是以成果為前提，而且會希望別人也能給自己同樣坦率的意見。

你在教練別人的同時，別忘了自己的行為也必須用上當責步驟。好的教練總是維持足夠的高標準，才能希望別人也會跟隨你的腳步。

活動三：提出水平線上的問題

整本書中，我們一直強調「不斷提問」的重要：「我還能做些什麼，來取得我想要的成果？」

現在，我們還要加上幾個更重要的問題，這是任何員工、領班、經理、總裁、小組或團隊都可以提出來的問題，它可以用來激勵他們的組織到達更高層次的當責。

像這類水平線上的問題可以幫我們釐清現況。你也許可以修飾這些問題，在被害者循環與當責步驟的架構中，將我們的十個問題和你變化過問題結合起來，讓你自己能夠在水平線上思考，行事與運作。

克林特．路易斯（Clint Lewis）是輝瑞大藥廠（Pfizer）在布魯克林區的區域業務經理，他發現他的團隊在五十七個區域當中排名最後。他和他的業務代表開會時，聽到一些這類的話「我已經盡了全力」，以及「數字一定有問題」。就連克林特都因為無法改變數字而覺得沮喪。他在當地的一家書店裡買了一本《勇於負責》（本書一九九四年版），讀完之後，他開始思考：「我們必須先自我檢討，才有機會扭轉那些難看的銷售數字。」那本書幫助他明白，唯有為自己的成功當責，成功才會來到眼前。

不久之後，克林特開始在團隊內的會議和一對一的對談之中使用當責概念。團隊開始改變自己的心態，接著改變他們從事業務的方法。「我還能做什麼？」成為他們的化解困境的咒語。

一年之後，該區域的業務數字和他們的未來展望都有了長足的進步！會議變得比較正面，團隊也樂觀得多。接下來的每一年，該團隊的績效都能大幅改善，而終於成為他們那個區域的第一名。在接下來的幾年當中，該團隊從來沒有掉到該區域的十名之外。在那段時間裡，克林特已經升任該區域的業務經理，而終於晉升到業務副總的位置。克林特的故事更特別的一點是，許多原來擔任區域業務代表的人，都已經開始承擔任更重大的責任，也在組織內擔任了領導者的角色。「我還能做什麼？」這句話，至今仍是布魯克林業務區企業文化的座右銘。

【圖表9.3】水平線上該注意的十個問題

1.	在目前的困境中，有那些層面最可能將我們扯入水平線下？
2.	在這個局面裡，有那些是我們能控制的部分，而有那些在我們的控制能力之外？
3.	我們曾經落入水平線下嗎？
4.	我們在這個情境之中，假裝不知道有哪些應該當責的部分嗎？
5.	有那些範圍是屬於共同責任區域，可能會讓球落到地上？
6.	如果我們真的「承擔責任」，我們會有不同的作為嗎？
7.	以我們最近針對眼前的景況所做出的決策來說，我們還需要做些什麼來確保組織停留在水平線上？
8.	牽涉在此一狀況中的人們，是否還有人無法為我們所制定的決策「承擔責任」？
9.	誰該在何時之前，為什麼而當責？
10.	我們從最近的經驗裡學到了什麼？

活動四：獎勵當責

邱吉爾（Winston Churchill）曾說：「我們先塑造我們的組織，然後我們的組織就會來塑造我們。」我們覺得，在迅速進化的組織裡，這句話顯得尤其真切。如果你希望當責成為組織進化中，一個歷久不衰的要素，你就必須在組織文化中的每一個層面，特意培養責任感。

即使在這個組織注重小而美，機動性強的年代，還是經常可以聽到人們在說：「你不能違反制度，」「別做害群之馬，」或是「你打不贏市政府，」意指官僚制度宰制人的行動，你除了順應現狀之外毫無選擇。然而，創造較強的責任感可以讓你改變制度，那麼它才能夠在每一個層面強化當責力。當然，說比做容易，因為組織的文化面其實會強烈影響到人的行為。如果文化中有任何一面可以接受水平線下的行為，那麼這個行為就會在這裡繼續留存。

要讓你的當責計畫有個正確的開始，你就必須開始肯定你希望在組織內普遍看到的水平線上的行為、態度與運作方式，並且給予獎勵。這聽起來也許太過小兒科，但我們卻時常看見，組織忽略了這個塑造組織文化的管理方式，看不見它強大的力量。

你要確保組織內的績效評鑑和升遷制度必須對準水平線上的行為。更重要的是，人們日常採取的每一個向水平線上前進及停留在水平線上的步驟，你都應該要努力給予肯定。

有一位請我們擔任顧問的執行長開始在每一個資深幕僚會議上，花半個小時的時間，聽他的副總裁述說一些成功的故事。他想聽聽副總裁在教練他人如何走到水平線上時的良好經驗。因此，由於他持續不斷花下時間來彰顯這些情節，無形中讓員工和在場聽到故事的每一個人都知道，公司非常看重這項教練當責的活動，也會獎勵當責。結果，資深幕僚改善他們的教練方式。這位執行長成功地找到這樣的機會，也抓住這個機會，在整個組織中，強化並獎勵水平線上的行為。

【案例】如何在會議中展現當責

我們在另一家公司裡花了大量時間，原因是資深團隊認為資深幕僚會議是一個肯定及獎勵當責的好時機。

每個星期五早上，資深幕僚會在全公司選出一些人來，邀請他們與會，並報告自己的工作內容。那些應邀的人都會在會議之前幾個星期，費時準備自己的報告，同時在會議之後，也會在他們的同僚面前高談闊論（「誰說了什麼？哪位資深幕僚打擊報告者？」之類的內容）。結果它變成了一個曝光率極高而且極有效的方法，用來向整個組織證實管理高層確實重視水平線上的思考模式。

資深團隊明白自己為會議所做的準備可能造成顯著的影響——的確，其間所需要的力量少之又少，但是卻代表他們對會議的想法有了重大的改變。他們不再只是現身聆聽報告，給予批評，他們會準備周全，將當責步驟當成是一個強調共同責任的工具，偵測出水平線下的態度，並且教練報告者，最重要的是，要肯定、讚美並獎勵水平線上的成就。

這次會議，甚至讓管理高層有機會在水平線上教練彼此。有一次，報告者瓊安帶著計畫小組的幾個成員協助她進行報告，因為她上回的報告引發了一場激烈的辯論。瓊安知道，資深幕僚之中，有些人認為她的計畫發生問題，因此，她在安排這次會議時，就希望它的進行方式是有助於她和她的團隊改善這項計畫的。

瓊安使用許多圖表和統計分析，將她計畫的現狀摘要簡述之後，便請資深幕僚開始提出問題。瓊安很訝異，因為有一位名為安東尼的成員，立即落入水平線下，開始責怪瓊安團隊裡的三個人缺乏進展。然而，資深幕僚團隊裡，也有人指出安東尼落入水平線下，這讓瓊安鬆了一口氣。而且，她很高興安東尼很快讓自己又回到水平線上，開始將焦點放在人們還能做什麼，而不是質疑他們為何尚未做到。

在接下來的討論中，資深幕僚都在強調共同當責的重要性，並採取當責步驟來評量該計畫的現況，並教練瓊安與她的團隊，要如何克服某些始終在阻撓這項計畫的問題。安東尼自己就跟大家分享一個他的自身經驗，說他也曾經遭遇過類似的問題，他願意在會議之後，提供大家更清楚的細節。

在會議之後，該公司例行的討論一如往常地展開，但這回的基調卻是正面得多。全公司的人們在談的，不再是那些犯錯的故事，而是每一個人做了哪些可以加速組織取得成果的故事。同時流傳著的故事，是資深幕僚如何在會議中展現當責。一個原本可能令人們喪失士氣的經驗，到頭來卻讓每一個人獲益良多。

除了獎勵當責行為，你還可以運用另外六項技巧協助組織文化邁向當責，將更強的責任感注入你的組織中：

【當責祕技】協助組織文化邁向當責的六個技巧

1. 使用啟動語言

啟動語言（trigger words）包括像是水平線上、水平線下、以及正視現實、承擔責任、解決問題、著手完成等等，只要是稍微熟悉奧茲法則概念的人，都可以用這些來做為行為上的提示。與當責步驟及被害者循環相關的語言，就可以啟動另一個人的正確反應。

我們有一位客戶使用《綠野仙蹤》的四個主要角色來給員工獎勵，該獎項名為奧斯卡獎（Oscars）。其中，最能夠正視現實的人，會得到一隻獅子公仔，以獎勵他們的勇氣。最能夠承擔責任的人，獲得一個錫樵夫公仔，以獎勵他們當責之心。稻草人公仔是用來獎勵他們解決問題的智慧、桃樂絲公仔則是頒給那些最能夠著手完成的人。這項頒獎成為員工期待的年度盛會，而它使得奧茲啟動語言留存在每一個人心中的效果更是不言可喻了。

2. 訴說激勵人心的故事

有關落入水平線下，以及回到水平線上的故事，就可以挑起人們的想像力。比較起哲學和理論上的描述，這些實際的案例與事件都可以讓人們更容易將重點牢記在心。你可以用說故事的方式，更進一步說明何謂停留在水平線上，以及讚美那些身體力行的人。

有一家工程公司安排每二個星期進行一次午餐會，以獎勵人們把奧茲法則應用到日常生活中。管理階層在午餐會一開始，便提出這個問題：「我還能做些什麼？」在午餐會上，領導者和員工一同討論問題，談論某些因為正視現實、承擔責任、解決問題、著手完成而成功的故事。

3. 走動管理

任何擁有督導職責的人，都可以趁職務之便，在「走動管理」（Management by walking around, MBWA）的時候，抓住機會教練人們走到水平線上。另一位客戶籌組幾支奧茲特攻隊（Oz SWAT teams），包括經理人和中級主管，他們會隨機訪視員工，問他們目前正在努力的重要成果是什麼，以及他們要如何走到水平線上達成這些成果。只要他們能夠說出組織所期待的成果，以及他們自己的活動與這些成果有何關係，他們就會得到獎賞（例如3C產品）。

4. 使用思考架構

在會議上，對話裡，在書信的往返，和顧客間的接觸等等時刻，以及大多數其他所有的商業活動中，你都可以強調這樣的需要：人們需要在他們所有的思想與行為當中加強當責。

比方說，有一位客戶發明了SOSD計畫（正視現實〔See It〕、承擔責任〔Own It〕、解決問題〔Solve It〕、著手完成〔Do It〕當責四步驟英文首字縮寫），以面對該組織必須處理的許多棘手的問題。這項計畫針對的是許多未曾浮出檯面卻可能使人淪入水平線下的問題，諸如辦公室士氣，競爭部門之間的內部溝通，職場生涯的引導，以及其他類似的問題。這些計畫以積極正面的方式應用奧茲法則，強化當責步驟。

5. 以身作則

如我們在本書稍前所述，你必須以身作則，展現當責的行為與態度。在你的組織裡，永遠做個典範，別人做得好的時候，便給予讚美。在組織中的每一個階層尋找模範生，給予獎勵。有一個組織實施尖峰獎（Pinnacle Award），以肯定那些在水平線上運作而取得成果的人。得獎人於是在全公司成為當責典範。

6. 創造水平線上的經驗

尋找機會，給人新的水平線上的體驗。當人們在預期或思考著你或組織內的其他人即將給予水平線下的反應時，像這樣的體驗對他們的益處特別大。不斷創造這樣的經驗必然可以將文化提升到較高當責的整體水準。

比方說，有一家餐廳公司為自己評分的方式，一直是根據人們在水平線上的每一個步驟所表現出來的基本行為。店面的店長會把他們對該店和組織的評分匿名送交地區經理。那些經理人會扮演討論主持人的角色，和他們的店長以小組討論的方式，探討那些評分透露出來的阻礙是什麼。小組會徹底討論如何克服這些困難。這個活動進行的結果，該區的生產力大幅提升，而且這個活動擴展到了其他區域，直到該公司全區都建立了最佳執業方式。管理高層以顯著而開放的方式評估他們的表現，因而創造了適用於每一個人的當責體驗。

這所有創造文化的當責技巧如果一起使用，你的組織必然可以進展到較高層次的當責水準，以及當然，得到更令人滿意的成果。

活動五：使他人當責

思考奧茲法則對當責的定義：

個人選擇超越際遇，展現必要的做主心態，以取得想要的成果——正視現實、承擔責任、解決問題、著手完成。

要在組織內創造當責，最重要的是這樣的過程——個人做出承諾、信守承諾、積極主動地投入。個人當責代表個人選擇正視現實、決定承擔責任、設法解決問題，然後，實踐承諾著手完成。

這個實踐承諾、積極投入的過程，是我們和許多組織共事的經驗裡，經常聽到的。那些做得到的人就可以得到同僚的尊重；那些做不到或無法信守承諾的人，則是遭到唾棄，令人生氣。如果有太多人屬於後者，組織的成果就會令人失望，也會淪入無止境的怪罪遊戲當中。另一方面，在能夠當責的組織中，每一個人都可以信守自己的承諾，以保證能夠得到最佳成果。

和我們合作的許多組織都會有些動態計畫表，它會持續不斷地增加，但是資源維持不變。只有計畫的增加，卻似乎沒有計畫會從表上剔除。

有一個組織發現它的動態計畫表上，滿是新產品的計畫，但該組織卻完全無法集中焦點於任何一個計畫上，結果一事無成。

這張已經失控的計畫表將整個織拉到了水平線下。由於任務過度繁雜，大家都在四處奔逃、尋找掩護。個人的承諾呢？做不到的事，你要如何信守承諾？這時候當責已經變得像自殺一般，而不是保命的工具。我們把這個故事說給另一家公司的管理團隊聽，他們竟然神經質地大笑了起來。他們難為情地承認他們比我們故事中的那位客戶還糟——他們的計畫表上的項目高達一百四十個。

我們問：「為什麼會有這樣的狀況發生？」

他們表示，只是將計畫事項不斷加到表上，希望人們能夠自己權衡輕重，主動達成任務。

在那樣的文化裡，有個潛規則：「請你支持我，當我不信守承諾，沒完成計畫的時候，只要別跟我作對，我就支持你將計畫加到表上。」

在製作表單和個人承諾之間，產生了一種新的潛規則，使得這些組織都可以用當責步驟替代被害者循環。

當他們開始將當責編織進入組織內的每一條纖維，人們就開始貫徹個人的承諾，縮小那有如氣球一般的未完成計畫表。

在一個能夠當責的組織裡，人們都必須為進程當責、適時報告目前所採取的行動。如同一位領導者所說：「當你測量進度，就可以改良進度。當進度經過測量與報告，就可以加速改善。」但是你要如何積極正面地做到這點，而不用進行懲罰？我們開發了三個協助方針，不需要懲罰也能令人當責，使他們能夠前進到水平線上，【圖表9.4】是這些方針的摘要。

【圖表9.4】運用奧茲法則激發他人當責

方針一：定義（define）——清楚定義所需成果

如前所述，未經清楚定義的成果，就無法創造當責。你如果看不到得分線，就無法得分。在這個階段，你要談的是成果，而不只是行動。人們會輕易將工作和成果混淆，以為「沒功勞也有苦勞」，尤其是具有挑戰性的成果。清楚定義所需成果，就是指出可以使鈴鐺響起的是什麼。在所有與成果相關的對話中，要求你領導的人在事後寄給你一個簡單的備忘錄，簡述他們期待得到的成果是什麼。

方針二：決議（determine）——雙方決議一個時間，進行進度報告

我們在追蹤進度的時候，就把一些責任從他們的肩上移開了。領導者時常會在回報體制中，承擔了最主要的責任；也就是說，只有在他要求的時候才會有人回報，也因此是他努力的結果。然而，當領導者鼓勵人們提出進度報告的時間，報告本身就成為當責者在努力與行動之後產生的功能。

方針三：給予（deliver）——給予讚美或教練

當有所進展，獲得成果時，這個步驟是表示讚美的最佳時機，你可以大聲地說：「表現優異！」當成果不如預期，這也是個教練的好時機。在教練過程中，你也許可以使用當責步驟表，讓討論盡可能實在。警告！你必須非常擅長提出這個問題：「你還能做些什麼？」以朝向你想要的成果前進。當領導者開始提供自己的解決方案，或是乾脆自己去解決問題，他們就把責任從他們的教練對象的肩上移開。不能這麼做，而是要提供方向與教練，幫助人們想出他們自己還能做些什麼。

我們想以最後一個例子，說明使他人當責的過程可以如何創造奇蹟。這是個真實的故事。

【案例】脫離「以訴苦討拍取暖」之列

想像一家醫務繁忙的醫院，裡頭的行政主管在監看護理長的工作方式，大家都知道，她向來很容易落入水平線下。這位行政主管上過奧茲法則訓練課程之後，便給她一個挑戰，要求她在工

作上展現新的態度。她們協議要在她下班之前進行回報。以下是一封她寫給主管的真實電子郵件摘要：

我不再隨波逐流，正式脫離「以抱怨博取同情、以訴苦彼此取暖」的行列，我決定提出問題改變大家的方向。

星期六，有一位新的護士在深夜十一點時說，這是她有史以來最慘的一夜，而且她覺得整個當班的時間都沒有人在教她。我也想落到水平線下，指出我自己和她的長官曾經如何和她進行互動。但是我沒這麼做，而是離開二十分鐘——讓我自己冷靜下來，然後仔細思考她的問題。我請她談一談當天晚上的感覺，請她分享為什麼她覺得這是有史以來最慘的一夜？為什麼她覺得都沒有人在教她？結果我們討論了二十分鐘，她也覺得好多了。

稍後我問一位全職護士：「你好嗎？」她回答她對一切感到厭煩，隨時都可以離職。她當著大家的面說出這些話，我不想知道究竟發生什麼事。暫時避開她幾個小時之後，我回去找她：「你好像滿沮喪的，想談一談嗎？」接下來，我們聊一聊。她顯然是家庭發生一點問題，其實和她的工作或我都沒有關係。

是的，我發現自己時常處於水平線下，現在，我知道是怎麼回事了。例如，我經常會把一些圖表的工作留給下一個當班的人接手，但是現在事情在我手中完成，我自己當責，下班之前就會做好。

我曾經跟一名員工對談，當時這名員工攻擊我和我的行動。我的第一個反應是自我防衛。但是，接著我讓自己走到水平線上，積極傾聽，尋找真正的問題所在，並且採取行動。我注意到一個職員很忙，那天病人很多，然而，我一開始並沒有給這名員工提供協助。這時候我自我反省，然後把自己提升到水平線上，允許提供協助。

奧茲法則轉化的力量可以幫助我們每一個人發現自己內在的力量，以取得我們想要的成果。妥當運作的當責力可以將個人和整個組織，提升到前所未有的高度。

每一個組織都有很多訓練、教練、提出問題、獎勵行為與令人當責的機會。我們建議你先找個目前組織內最感困擾的事項。選定一個這樣的事項，你就可以戲劇化地展現較佳當責的衝擊力道。

首先，列表找出一些組織面對的問題，它們最近至少造成某些人滑入或停留在水平線下。有些可能的目標包括完全品質控管、產品缺陷、新產品開發、生產時程、人員成長、顧客滿意、客訴、預算、銷售配額，以及公司的聲望等等。要確定找出來的問題是和你，以及與你最密切共事的人相關的大問題。

其次，從你的表上選出一項議題，定出你的團隊、組織、部門、職務、分部、或公司目前處於當責步驟或被害者循環的那一個位置。開始和你的上司、同僚及部屬討論大家都必須看到的事實（面對現實），他們必須如何做主（承擔責任），他們可能執行什麼樣的解決方案（解決問題），以及大家到底該做些什麼事（著手完成）。

第三，一旦你確定了組織在這項特定議題中所處的位置，開始創造某種覺知時，便得判定正確的行事順序，將創造當責的五大要素結合起來，以此方式處理這項議題。

第四，根據成果及人們的行為與態度，評估你的努力是否成功。在此番經驗之後，你是否發現在你的組織裡，有較多的人較常而且較有效地在水平線上思考，行為與工作？

一旦你完成自己的評估，便選出另一項議題，運用根基更廣的方法，讓你的組織走到水平線上。無論你的下一個步驟為何，你都得隨時尋找機會，讓你的組織更進一步追求當責。

還記得黃磚道上的旅行。當稻草人、錫樵夫和膽小獅本身都成了當責大師，他們就發現其他人都急著想要從他們的個人所學中獲益。同樣地，當你努力讓自己和他人停留在水平線上，你無疑也會發現有更多的機會可以運用奧茲法則，以面對你的組織最棘手的問題，那是我們最後一章的主題。

第10章 彩虹之外

應用奧茲法則解決今日企業最棘手的問題

然後，葛琳達看著這隻毛茸茸的膽小獅問道：「桃樂絲回家之後，你要怎麼辦？」

「山那邊的槌頭國，」他回道：「有一大片古老的森林，裡面的野獸要我做他們的國王。只要能夠回到那座森林，我就會非常快樂了。」

「我給飛猴的第三道指令，」葛琳達說：「將是帶你回到你的森林。我用完了金帽子的法力之後，就會把它送給猴國的國王，他和他的部屬便能從此獲得自由。」

——《綠野仙蹤》

法蘭克·包姆

獅子象徵勇氣，而最能測試勇氣的，莫過於危險。當然，為了迎向險境，克服危難，你必須願意承擔某種風險，但這項風險必須經過精打細算，同時它又能夠讓你將尋求安全舒適的天性擱在一旁。

加州大學教授哈洛・路易士（Harold W. Lewis）是個風險顧問，他在所著的書《科技風險》（*Technological Risk*）中提到，美國人開始害怕風險，而這種恐懼是就阻礙美國進步的罪魁禍首。

「我們能夠進展到今日的地位，願意承擔風險是唯一的原因。而這個意願已經走過高峰了嗎？」他問。路易士以科技為背景提出他的看法，但我們認為這項訊息應適用於今日組織所面臨的較為軟性的問題。

我們和數百家組織共事——從小小的初創公司，到財星五百大的巨人——的經驗裡，觀察到他們大多寧可逃避風險，而不願解決幾個經年不斷而代價高昂的問題。耗費片刻時間，思考你自己組織內最主要懸而未決的問題。你的問題表會包括什麼？它們已經困擾你多久了？你採取什麼樣明確的步驟去處理它們？

有個拉丁文的名詞est factum vitae，意思是「人生就是如此」。換句話說，「事情就是這樣，既然你改變不了，也許乾脆接受。」est factum vitae是改變的敵人，是當責的死對頭。不幸的是，許多組織將est factum vitae當成他們的座右銘，將它應用在那些似乎始終無法解決的大問題。但是，唯有面對並解決這些問題，你才有提高利潤的希望，也才能夠改善績效，加速成長，並且讓你的公司成為一個充滿朝氣與趣味的工作場所。

以下是我們認為今日最具威脅性，同時懸而未決的組織內的十個問題：

【當責祕技】警覺組織內最具威脅性的十個問題

1. 溝通不良
2. 員工升遷困難
3. 授權不足
4. 缺乏校準
5. 既得利益縮水或消失
6. 工作與個人生活失衡
7. 績效不良
8. 資深主管成長停滯
9. 跨部門糾紛
10. 醉心各種管理計畫

這些懸而未決的問題是各類組織的通病，無論是核能發電廠、金融機構、保險公司、醫療保健公司、時尚設計師、建築包商、電腦製造商、精緻珠寶商、學校、診所、律師及會計師事務所。在某些情況下，人們會將這些問題當成是現代組織生活揮之不去的現實面。另有些人則是認為，停留在這些問題的水平線下，並不會使他們付出沉重的代價。然而，在我們看來，這些問題阻礙了組織追求成長的路，使他們無法變得更具競爭力，獲利更豐，更成功地實現人民夢想，更有能力達到世界級的成果。

在本章中，我們將從當責與奧茲法則的角度去探討這些問題。但我們只能進行初步的探討，要解決組織內的這些問題，只有你自己能夠培養出足夠的勇氣。

問題一：溝通不良

溝通不良總是會阻礙成果。過去二十年來，和我們合作的所有大型組織中，

「運作不良」的表單上，這個項目總是出現在第一位或接近頂端的位置。我們每天都會聽到人們在形容溝通不良的狀況，舉凡員工和經理之間，不同職務之間，不同部門之間，團隊成員之間，或管理高層和中級管理階層之間的溝通不良，全都是阻撓進步的問題。

派翠西亞．莫雷根（Patricia McLagan）是一位管理顧問，也是《在水平之上：可行的績效溝通》（*On-the-Level: Performance Communication That Works*）的作者。她強調，在組織內的溝通問題上，當責扮演著尤其吃重的角色。如莫雷根所說：「如果你想為你和你的團隊的工作成果當責，就必須開放所有的溝通管道。你隨時都需要一些資訊，了解何者運作良好，何者成效不佳。」相反地，缺乏良好的溝通，便無法使當責開花結果。

在紐約的一棟摩天大樓裡，人們在談論著二樓和十一樓之間的溝通問題，由於地理上的區隔，總部與製造部門之間似乎無法「連結」，於是出現了溝通問題。我們聽過人們將溝通問題的癥結歸咎於實質上的隔離，如不同樓層，在同一棟大樓的兩端，甚至只是一牆之隔，但是在這些實質的隔離之外，其實還縈繞著被害者循環。

人們愈常談論到溝通問題，愈是感覺到自己因為溝通不良而受害。有些人或許覺得自己的聲音沒人聽到，沒人傾聽，沒人肯定，沒有參與感，於是他們選擇玩起怪罪遊戲，覺得自己沒人了解，因而聲明「我沒有責任，因為我不知道，」或是「因為他們不聽我的。」

諷刺的是，在這個所謂的「通訊時代」，人們擁有這所有的高速網際網路，華麗的電話系統，以及視訊會議的能力，卻還是認為溝通不良是組織必須接受的現實，他們無力改正。然而，我們也聽到同樣的這批人在反應，他們因為溝通不良而付出了什麼樣的代價，事實很明顯，他們必須冒點風險來改變現況。否則，他們的組織將繼續因為各種狀況而自食惡果，諸如時程延誤，產品無法及時出爐，出貨失誤，設計不當，以及錯失了銷售良機。

我們和一家知名時尚衣飾製造商進行諮商時，很難讓他們接受這點。他們不願直接面對危險，寧可「等等看」是否情況會隨著時間過去，自行改善。然而，最後我們要求一群關鍵人士，將員工與管理當局溝通不良所製造出來的代價量化，他們的結論是，在過去的六個月內，如果他們溝通良好，就可以為公司省下至少三百萬美元。這個數目引起了注意。現在這一群人終於能夠正視現實，可以開始解決問題。

這個小組總算採取了行動，算是功勞一件，但是在大多數管理階層中，我們卻看到在溝通問題方面，人們說的話真是遠多過所採取的行動。我們有一位執行長客戶聽到他的管理團隊談論到模糊的溝通問題時，便勃然大怒，於是他發出公告，不准任何人再使用這個名詞。這當然行不通，因為沉默也不會讓問題自動走開。比較明智的做法，是激勵他的人馬，不要光說不練。溝通問題或許根植於現代組織中，然而，這並不表示你無法去面對解決。事實上，如果你讓溝通問題懸在那裡，它們就會創造習慣性的水平線下的行為，員工會覺得受害，這是通往當責的堅實路障。

走到水平線上，解決問題的價值為何？輝瑞大藥廠購併華納蘭茂公司（Warner Lambert）之後，便因為購併而產生的營運問題而感到痛苦不堪。在業務組織中，許多問題浮現：我該怎麼處理我的電子郵件和語音信箱，誰來負責我的支出報告，我要怎麼把錢拿回來，業務報告又該怎麼做？購併後的環境是水平線下行為的最佳滋生園地。

普遍的抱怨包括：

「這些應該都已經做好了。」

「這些應該本來就要想好了。」

「這根本行不通。」

「新上任的主管不知道究竟發生了什麼事！」

每一個位階的主管（業務代表、區域經理、地區經理）都發現自己被拋入溝通不良的戰場。輝瑞大藥廠團隊採用了奧茲法則之後決定，唯有水平線上的方法才能夠幫助每一個人為溝通當責。人們問到購併後的問題時，他們就會被問到另一套問題：「我還能怎麼做？」以及「我還可以跟誰接觸來取得我需要的資訊？」要求提出問題的人當責，經理人就創造了一個充滿努力解決問題者的組織，而不只是抱怨而已。

如何增加購併後運作的對話，確實可以減少人們感受到的改變，因為他們建立了自己的制度。輝瑞和華納蘭茂的業務組織各自採用了對方的一些方法，也都因為混用了最佳運作方式而對結果感到很滿意。這一切都因為輝瑞的管理高層要求一種健康而堅強的對話方式，才使得溝通與困惑問題不致癱瘓了大家。輝瑞在溝通問題上創造了當責作風，他們估計，如果讓溝通問題持續存在，流失的人員將比現在多過四分之一。該公司因為人員流動率降低，在業務領域上得到較佳的一致性，因而節省了一大筆開銷。

在溝通問題上，走到水平線上意味著你必須為自己的溝通方式當責。首先，你必須正視現實，認清造成溝通問題的原因為何；其次，你必須承擔責任，無論是因為你的行為或無為造成這個問題；第三，你必須解決問題，定義出你還需要做些什麼，好讓自己和別人的聲音都能被聽到；第四，你必須著手完成，做出承諾，採取行動。這個方法看似簡單，我們卻曾經見到它的效果。這不是魔術，但是我們保證，只要其他人和你一同走到水平線上，就可以引燃火花，啟動連鎖反應。

問題二：員工升遷困難

大多數經理人都宣稱人才是他們組織最重要的資產。然而，同樣是這些經理人，如果他們聽到自己的部屬認為這句話不過嘴巴說說而已，他們應該會覺得相當詫異。

在阻礙公司進步的問題排行榜上，如果溝通問題排名第一，那麼員工職涯發展問題就緊追在後。而如果溝通不良使人懷恨在心，晦暗的個人前途就可以令人生氣。

在這方面，員工不會向內反省自己的責任感，而是會將自己在組織內缺乏發展的問題怪罪到升遷制度與活動不足所致。常見的是，他們會怪罪高階主管缺乏及時而完整的績效評鑑，經常說他們多年來都沒獲得任何評鑑，有時甚至輕蔑地表示，他們的上司要求他們自己撰寫評鑑內容。同樣常見的是，他們怪罪高階主管遠在天邊，讓他們無法取得成長進步所需的意見。許多人指稱任職的方式前後不一，或是不公平，這些都是他們的事業道路與未來升遷的阻障。受到這種無力感麻痺的結果，他們只是在苦等未來，希望某人能夠在某一天惠賜一個他們自以為應得的升遷的機會。

另一方面，我們還看到各式各樣的公司裡，有許多人在面對自己的事業前途時，都爬到了水平線上。有個這樣的例子，我們且稱此人為史都華，他是個極為稱職而且效能十足的工程師。高階主管對他讚譽有加，說他對公司的貢獻卓著，但是在他熟悉的製造廠區，他從來沒有機會得到一個高一點的管理職位。

他痴痴地等待這個職位數年而未果，多少有點被犧牲的感覺，但他決定走到水平線上，積極追求這個機會。他讓頂頭上司知道，他希望承擔更多管理方面的職責，同時他還想出一些方法可以讓線上的領班運用全新的方式提高品質，增進效率，改善領班的管理能力。

他和現任生產部經理分享看法之後，便由他開始執行。同一年，現任生產經理調職，高階主管便給了史都華這個他渴望已久、但是最近才真正著手追求的職位。高階主管稍後表示，過去他們從來不知道史都華很想得到這個職位。

每一個組織都要負起責任，讓員工獲得升遷，同時在它了解他們的事業抱負的同時，自己也可以獲得益處，但是就個別的員工來說，如果身處一個求才流程不佳的地方，卻只是自怨自艾，就得自己付出代價。對於這種面對自己的前途，卻陷入水平線下的個人來說，結果就是失去成長、進步與事業進展的機會。即使在人事管理不佳的組織，有才幹，能夠當責的人還是會成長，有所發展，能夠得到升遷，因為他們為自己的進展當責。

就員工的前途而言，員工和他們的組織都負有共同責任，這點我們絕對是同意的，但是我們同時也相信，在組織中，每一個階層的個人都應該為他們自己的事業前途當責。他們如果在水平線上運作，就會積極尋找自己能夠施展的領域，以創造自己的成長機會。他們會去上課接受訓練好準備向上發展，或是讓自己在現職上的表現更為稱職，找個合適的師父為他們長程的事業提出建言，不斷針對自己的表現尋求意見，以衡量自己整體的進展。同時，他們持續自問「我還能做些什麼才能讓自己在公司出人頭地？」

從大處來看，他們或許還會努力讓正確的制度進入公司，那麼公司才能夠改善它幫助人員發展的能力。如果這樣的態度能夠根植在公司裡，它的感染力就會很強，整個公司便能夠提升到水平線上，承擔起責任，克服短期的阻礙，讓自己能夠做出正確的投資，讓它最重要的資產有所成長。

問題三：授權不足

員工授權的概念近年來成為一個熱門話題。許多人在談在寫，這麼多關注的眼神，我們卻還是不斷聽到各個階層的員工在抱怨，由於授權不足而造成成果不彰。

比方說，我們最常聽到高階主管提出二個問題是：

「為什麼主任沒有領導能力？」

「為什麼他們自己不做決策，在他們自己的領域之內『做主』，取得成果？」

另一方面，我們聽到主任、經理和員工都在問，高階主管為什麼不聽他們的建言，相信他們的決策，授權給他們取得佳績；他們認為自己有責任要完成某些事，卻沒有足夠的權力去做到。

在以「授權」為辯論議題時，顯然沒有人摸得著頭腦。

「到底授權是什麼意思？」某位執行長有此一問。「我聽到人們說他們沒有足夠的權力，真是聽煩了。他們到底還要多少？每一個人都想要，卻似乎沒有人懂得這是什麼意思，又好像誰也沒有權力。如果他們覺得自己所擁有的一切不足以把事情做好，那麼他們何不走出去，取得所需的一切？如果你只是等著人家來授權給你，那麼你怎麼可能會有權力呢？」許多現代的經理人與領導者都和這位執行長有著同樣的感慨。

另一方面，員工認為高階主管的這種態度簡直輕慢，於是他們提出反擊，他們覺得高階主管應該要明白，它往往掌握著分配資源的權力，這點根本就會讓人們失去行動的力量。矛盾持續著，辯論還在進行，究竟授權是來自高階主管突然的覺醒，或是出自於員工的主動求取。

在此同時，組織依然深陷於水平線下，員工讓自己覺得像個被經理犧牲掉的被害人，高階主管的表現也是一樣，而成果就像是「人質」一樣，遭到「遲疑不決」與「原地踏步」的挾持。

【案例】當授權成為綁匪、公司淪為人質時

有位中型高科技公司的主任，我們且稱他為馬克，他負責一項關鍵新產品的研發工作。管理當局認為他有能力實現構想，於是給他這份工作表示獎勵，因為這個新產品的開發工作最需要的，就是這種實現構想的能力。公司裡的大多數人都認為這項調動對馬克來說，是很不可思議的事業機會，每一個人也都假定馬克不久就會升任副總。

然而，當馬克扛起這項需要大量跨職務合作的任務時，卻因為團隊無法按照自己的希望快速前進，而覺得十分洩氣。短短的時間之內，他在團隊成員間的聲望便低落下來，因為別人開始覺得他是個專制的人。授權給馬克的意義，就是只要他覺得該做的事就要去做，無論其他的人怎麼想。

的確，在公司的歷史上，公司所給予馬克的權力、資源和自治能力，都多過任何其他的計畫主持人，馬克覺得他有權說：「如果你在星期五之前沒做完這個，後果自行負責。」

基本上，當馬克將責任交給別人之後，自己就不再當責。帶著這個態度，他將公司當成人質，綁匪則是他自己對授權的狹隘定義。結果，馬克垂頭喪氣地離開公司，而他留下來的新產品，則是比預定時程延遲二年上市。

依我們的看法，授權取得成果，和為成果當責是一體的兩面，但是對「授權」的意義認識不清，就會阻礙你走到水平線上。何不將「授權」二字從你的字典上除去，取而代之的是「我還能做些什麼，來取得我想要的成果？」

是的，管理階層應該要承擔起在全組織授權的責任，不過在此同時，你也必須了解，到頭來，你也得授權給自己。

不要光是將焦點放在別人應該要為你做些什麼，而是要注意自己必須做些什麼。

不要光是吼叫著：「授權給我！」而是要問問自己這個問題：「我還能做些什麼，來取得我想要的成果？」然後，採取行動進入當責步驟——正視現實、承擔責任、解決問題、著手完成。

這些步驟如果在整個組織內到處複製出來，就會對成果的改善有著莫大的助益；而且到了最後，會讓公司成為一個堅實強大的組織與工作場所。**授權就和快樂一樣，比較像是結果，而非活動本身，這種結果是來自於能夠當責的人**。你可以迷失在授權意義的爭辯之中，也可以當責採取行動，讓美夢成真。

問題四：缺乏一致方向

每一個組織都需要一個清楚的焦點，一個可以在市場上驅動力量的策略。然而，過去二十年來我們所共事的組織裡，基本上每一家組織內的員工，尤其是資深幕僚，對組織的整體方向都有不同的看法，這種眼光缺乏校準的狀況幾乎存在於公司裡的每一個階層。

許多組織浪費了無數的時間，討論一些策略性的問題：「我們從事的是哪一行，我們的方向是什麼？」卻沒有形成一個清楚的答案。這些問題沒有答案的結果，於是，關鍵人物和他們的團隊各彈各調向前行，像一支雜牌軍走在比賽場上。然而，在這裡，組織要獲取成功，同心協力是必備的要件。

結果，各個團隊做的都是嘗試性的工作，從未形成成熟的責任感，讓計畫有個完滿的結局。最後，計畫失敗的數字令人驚心，多頭馬車向前奔跑，將許多人拋入水平線下。

【案例】改變！改變！改變！

江森自控公司（Johnson Controls）在美國亞特蘭大的中區，就曾經歷這種方向不一致的問題，最後他們終於決定要施行奧茲法則。每一個功能與部門都集中焦點於各自的目標，但是企業整體的成果並未達成。該公司準備好提案，要去為大型建築的大型溫控計畫投標，但是同樣的問題依然浮現，每一個部門和功能都準備各自的提案部分，之後結合起來快速遞件，但是該公司卻老是標不過競爭對手。根據地區經理艾倫．馬丁（Allen Martin）的說法：

「我們太注重過程，因此落入一種既定的模式，老是做同樣的事。」

市占率降低、成長趨緩、士氣低落、顧客對該公司的表現愈來愈不滿意。馬丁回憶道：

「各個部門的人都只關心如何藏住自己的狐狸尾巴，記錄他們做過的事，以證實自己的價值，因此它真的阻礙了組織創新與施展策略的能力，沒有人在努力做生意。」

這時，奧茲法則介入了。他們花了幾個月的時間，在組織內的三大策略動力中（成長15%、成為市場的第一名、改變企業的價值體系），建立更強的責任感，之後一切都改善了。

「十五、一、改變」彷彿時時持誦的咒語一般，成為組織中每一個部門念茲在茲的目標，業務、營運、裝置與服務部門都開始和諧共事。

「人們開始重新思考自己的角色與職責，他們開始彼此溝通，互相校準，」馬丁回憶道：「每一個人都受過訓練之後，他們開始說些這樣的話：『好了，我們得做點不一樣的事。』」

人們開始有彈性地運作，部門間建立更強的互信，於是一大盒的拼圖開始漂漂亮亮地拼湊起來。重點開始改變，過去那些令人厭煩的藉口和指責行為都變成「我們還能做什麼以取得我們想要的成果？」

「我們必須把我們在奧茲訓練中學到的一切付諸實行，」馬丁在最近的一次訪談中說：「首先，我們必須正視現實，看看問題在哪裡，是什麼阻礙我們著手完成的能力。我們必須了解我們在每一個奧茲步驟中的情況——正視現實、承擔責任、解決問題、著手完成。這是當責計畫開始掌控的時刻。似乎每一個人都很清楚，這是我們唯一扭轉局勢的方法——一同讓我們公司走到水平線上。」

在江森自控公司實施奧茲訓練三年之後，艾倫．馬丁的亞特蘭大中區的業務業幾乎倍增，利潤變成原來的三倍，顧客滿意度大幅提升，員工的流動率則是降低到近幾年的最低點。現在，公司裡上上下下為了達成目標所持誦的咒語是：「二十五、一、改變！」

校準方向、集中力量，那麼，每一個人都可以得到好處，但是追求共同目標，創造一致方向的責任，不僅落在最高主管的肩上，而是延伸到所有階層。

在管理高層之下的主任和經理人通常都可以清楚看到，方向不一致所造成的後果。他們經常抱怨著，自己似乎和整個組織內的同僚步調不一，他們舉出若干例子。比方說，上司針對某一情境表示他們應該追求的方向，結果給他們的卻是模糊的訊息。這種由於方向未經校準而造成的困惑，會逐漸蔓延到每一個人身上，而這些人卻是管理當局努力想要領導管理的人。

這種茫然的感覺，總是象徵著一種水平線下的態度，方向不一致的經理人身為人們效法的對象，因此等於頒發許可證給每一個部屬，讓部屬可以依樣畫葫蘆。他們讓這種混沌的態度來主導公司的方向，使得人們對公司的領導高層失去敬意，同時需要別人來逐步指點應該做些什麼。最後，他們塑造被害者。

公司破產、倒閉的事後評估，幾乎總是指向高層方向未經校準的問題，因為這種現象終究會滲透到組織內的每一個部分。

我們有一位好友在一九七〇年代後期，在國際收割機公司（International Harvester）破產之前為它工作。他還記得公司倒閉之前幾年，資深團隊步調不一的情況有多麼嚴重，從表面的支持與背後的批評，到四處散播的公開反對意見，最後，終於讓整個組織喘不過氣來，而迫使它宣告破產，尋求美國憲法第十一章的保護。

即使在管理當局將方向校準之後，有許多團隊領袖卻沒能將這項訊息傳達給他們的人員知道，這多少是因為他們以為團隊成員應該自己會直覺地理解他們所做的重大決策，而且能夠給予支持。因此，即使真的方向校準了，管理當局還是在等著看看是否能夠有效而持續地執行正確的方向。

組織內方向校準的問題，無論創造或維持，都是管理當局的責任，他們首先必須認清，沒能做到這點，他們的組織就會落入水平線下，而造成缺乏效率、士氣低落、壓力太大，只會怪罪他人，而且一臉茫然。

要走到水平線上，你就得想想，受到某一項決策影響最大的人是誰，然後在你做出決定之前，先將這些人找來討論一番。細細留心各種不同的意見、建議與觀點，利用公開的決策制定過程，決定你的行動，和組織內的其他人清楚溝通方向一致的訊息，主動將決策過程變成齊心協力的結果，改善步調不一的情況，那麼你的組織裡的行動就可以更加連貫而融洽。

問題五：既得利益縮水或消失

隨著時間過去，而且很自然地，有些人開始習慣組織內的獎懲制度、福利與傳統。從年終的紅利到偶一為之的慶功宴，人們會期待著一些事件繼續發生，這種期望會將公司文化的這類特性，轉化為一種權益或既得利益。

正當公司在設法改變自己做生意的方式，讓自己變得更具競爭力，正當他們在努力接近顧客，變得更有效率、生產力更高、獲利更豐，結果卻發現某些文化上的既得利益所造成的傷害多過好處。

年終紅利、逐年加薪、早上八點到傍晚五點的上班時間、定期的表揚活動，無論績效表現如何都有的終身工作保障，還有其他長期制定的傳統與活動——諸如此類的這些員工福利與權益，在過去達成了它們應有的目的。但是，如果人們不管自己的表現或取得成效的能力如何，仍然期待著這些權益或既得利益繼續存在時，它們就可能會侵蝕到汽業的未來。

總有一天，每一個組織都會走到一個地步，必須重新考慮它給員工的既得利益。不幸的是，他們一旦這麼做，員工便傾向於落入水平線下，覺得自己淪為公司的犧牲者，造成士氣低落，甚至開始懷疑自己待在公司的意義。

【案例】抱怨成癮、找人取暖，是為了卸責

不久之前，我們看到一家頗為年輕而且迅速成長的公司，它面臨預期的競爭壓力，而減弱了成長率，獲利能力也降低，且稱之為新科技公司（Nu Tech，化名）。

這家公司在早期的獲利時，業績曾經一飛沖天，產品市占率到達頂尖位置，獲利率讓同業望塵莫及。對員工來說，新科技公司就像個天堂一樣。它擁有最優良的儀器設備、最新型的電腦、最光彩奪目的宴會，整體而言，它營造的是一流的形象。最高主管出差時，住的是最豪華的飯店、上的是最道地的餐館。同業都知道，新科技公司的好日子在業界而言，是人人稱羨、各個企求的對象。

然而，當新的競爭環境的現實面開始襲擊新科技，該公司於是開始執行大幅度的改變，剝奪許多人們原本預期應有的既得利益，於是，該組織迅速落入水平線下。

每一回，管理者質疑或廢除一項既得利益，就會有新的被害

者冒出來，每一個人都在抱怨管理者奪走他們應得的某種事物。從來沒有人把這些福利和表現績效結合在一起，因為績效太容易到手，因此當公司開始強調績效時，便撼動整個公司文化，甚至動搖根基。最後，新科技的員工終於面對現實，他們如果不生產，就會一無所獲，不過這是在一場大型的裁員，以及市占率大幅滑落之後，他們才被迫面對現實。

透過財經媒體的報導，你每天都可以看到一個這樣的例子，過去他們是採行終身雇用政策為原則，像是柯達、IBM、AT & T，最後他們都開始裁員，因為公司的表現不如以往。這些員工已經習慣性地以為他們的工作是終身保障的權益，因此，當他們發現自己的工作必須仰賴公司給付薪資的能力時，感到無法接受。

要幫助人們做出這項轉變，有愈來愈多的公司試圖將員工做主的觀念建入公司文化之中。假如員工能夠做自己際遇的主人，那麼他們就會比較有能力去解決問題，保證自己獲得續聘。在今天的環境裡，公司在管理組織流程時，必須學會如何將個人當責和組織的成果結合在一起。他們必須了解，他們給予任何階層的員工的一切（除了一些基本的價值觀，像是公平、誠實與真誠等等）都來自個人與組織的績效表現。

個別員工如果能夠將組織所給予的所有活動、獎勵與福利，都看成是由於表現優越才能獲得的特權與獎賞，而不是在你獲聘的那一天起，便與你如影隨形的權益，那麼你就可以避免產生遭到犧牲的感覺。要努力確保你的表現讓你穩居贏得獎勵的地位，盡力讓你的組織可以擁有足夠的生產力，以創造這些獎勵，你就可以把自己提升到水平線上。用另一種說法表達史密斯・巴尼（Smith Barney）的廣告詞：「我用老方法贏得獎賞，這是我掙來的。」（I get my rewards the old-fasihoned way. I earn them.）

問題六：工作與個人生活失衡

我們和數百家組織共事的經驗顯示，每一家公司都在一個大問題之中掙扎，即有些事情的輕重緩急是互相衝突的。優先順序互相衝突的事情包括：專注於量，而同時又希望能有高品質；一邊製造數字，同時又想著策略問題；為事業的成功付出代價，同時又想兼顧家庭關係。

未來的成功，將落在那些能夠學會各方面兼顧的人。想要成功，就必須了解這些優先順序互相衝突的事項並不是混亂的訊息，而是針對平衡感、成就感與成長能力的挑戰。或許最困難的是在工作與個人生活之間，創造出一種平衡感。

世界衛生組織最近稱工作壓力為全球流行病（worldwide epidemic）。工作與生活的平衡，在大多數組織與未來的世代中，都是一個熱門的話題，那些即將進入職場的人，顯然都比較喜歡平衡的生活，而非薪資。然而，大多數人還是面對工作造成身心俱疲的威脅，因為工作與個人的生活失衡。

比爾・迪雷諾（Bill Delano）是一家網路服務商的創辦人，他透過電子郵件提供機密與個人的忠告給那些經歷到工作壓力的人，他在Monster.com和MSN的求職網站提供的一些建議，就和我們提倡的奧茲法則一模一樣：

1. 正視現實

究竟是什麼讓你感覺到壓力？是你的工作嗎？你的家庭生活嗎？還人際關係？不了解問題的根源，就沒有解決的希望。如果你發現很難找到壓力的來源，就要從你的員工輔導計畫（Employee Assistance Program）尋求專業的協助，或是求助於心理諮商人員。

2. 承擔責任

試著不要把你接收到的任何批評當成人身攻擊；將負面的批評當成有建設性的指教，這會讓你的工作有所改善。然而，如果批評聽起來很刺耳，比方說，你的上司對著你大吼大叫或是罵髒話，請跟你的經理或人力資源部門討論這個問題。

3. 解決問題

認清工作上的元素和家庭因素之間的差別，也要能分辨哪些是你可以控制，而哪些不能，將這二類做出表單。從今天開始，向自己保證，不再因為一些工作上不可控制的層面給自己壓力。可能的時候，就分派工作或是和別人共同分擔。別以為只有你自己有能力把工作做好，那是個陷阱。你的同事和上司，或許也會開始相信這種想法。

4. 著手完成

記錄所有你做過的好事，給自己一些功勞。設定一些短期的目標，達成的時候就給自己獎勵。雖然你真的很想學會如何管理一個充滿壓力的工作，有時候放手還比較有道理。你要如何決定何時可以放棄？比方說，發生以下三種情況：

- 你已經試過所有適當的管道去解決你的問題，卻完全無效（或是適當的管道根本不存在）。
- 你的上司對待你的方式讓你覺得有威脅感、不被尊重或冷嘲熱諷。
- 你覺得工作極度乏味，下班回到家時覺得筋疲力竭。如果你看不到這條路有邁向未來的可能，或是讓你可以在專業上受到挑戰而有所成長，那麼，你也許應該去找一個比較有趣的工作。

為了加強生產力與獲利能力，有愈來愈多的公司在進行各種活動，如精減規模、縮編和組織扁平化，在這些組織重整活動之中倖存的員工，發覺自己必須「一個人當三個人用」的壓力更大。在大多數情況下，「一個人當三個人用」等同於壓力。我們在擔任許多這類組織的顧問之後，便經常聽到人們說，大型的改變會造成嚴重的壓力，而大多數的疑慮都是集中在一個兩難的困局當中，亦即成功的事業與充實的個人生活無法取得平衡。

約翰・史卡利（John Sculley）曾任蘋果電腦（Apple Computer Inc.，二〇〇七年起改名為蘋果公司〔Apple Inc.〕）的執行長，《今日美國》引用他說的話：

> 一夜好眠是農業與工業社會的遺跡。在資訊時代，全球的溝通便捷，隨時可以接觸到更新的資料，這已經使得睡個好覺成為過去式。現在的工時已經是二十四小時，而不是早上八點到傍晚五點。

《今日美國》記者凱文·曼尼（Kevin Maney）繼續寫道：

有些最高主管和史卡利一樣，都採用這種睜大眼睛法。美國總統克林頓（Bill Clinton）一天大概只睡二個小時。康寶濃湯公司（Campbell Soup）執行長大衛·強生（David Johnson）則是一天工作二十四小時，才有能力掌握全球的運作。

在同一篇文章裡，曼尼問道：「史卡利的作息方式是新千禧年的典範嗎？或者它實在是太奇怪？史卡利或許是個極端的例子，目前的趨勢卻是走向較長的工時，較短的自由時間。如果你的公司的規模精減，或是扁平化，希望節省資源，或許你就得預期自己的工時要加長，每周的工作時間增加，然後發現給家人、朋友與休閒的時間少之又少。」

組織生活可能干擾到你的家庭與個人的生活，而使得你會很容易開始覺得公司在占你的便宜，或是背叛了你，而你對公司卻是一向忠心耿耿。然而，在美國企業的現實生活中，人們開始被迫必須花比較長的時間工作，在家的時間因而減少。對每一個有抱負的人來說，想要兩者兼顧，就必須學會在工作和生活之間取得平衡。

我們有一位客戶就迎頭痛擊這個問題。公司的高階管理團隊了解，當他們在努力引進幾項新產品到市場上時，就會給員工帶來附加的壓力。他們不願等待情況自己產生變化，而決定要著手改善。

管理團隊明白員工是為了公司，犧牲自己的個人生活，他們歡迎員工坦白提出意見，好讓他們確實了解人們對眼前的狀況有何感受。然後管理團隊聚在一起，徹底檢討給員工增加的壓力。在幾度艱難的思考之後，他們決定要將個人與事業生活的平衡列入公司六大信仰之中，以引導該公司的文化。

結果，任何員工都可以對開到深夜的會議說「不」，而不用擔心遭到懲罰。如果有人似乎覺得拒絕開會顯示自己不夠忠誠，經理就會拍拍他的肩膀，快速送他出門。果然，只要人們願意為自己選擇做或不做的事情當責，公司就會保證支持他們。

我們很尊敬他們對這個問題的處理態度，該公司多得是滿懷理想的專業青年，他們很想一顯身手做出成績，於是公司創造可觀的成長與利潤，同時培養一種同時為公司與個人目標當責的公司文化。

資源的限制繼續引導企業，很少有組織能夠逃避這樣的現實，你必須一個人當三個人用。為了避免在這個問題落入水平線下，管理當局必須認清，它要它的員工付出什麼樣的個人代價，然後努力設法幫助他們在充實的個人生活與成功的工作生活之間，取得一個平衡點。

為了同樣的理由，員工自己也必須走到水平線上，做自己際遇的主人。變遷的風暴是不會減弱、一般的工時會變得更長、每一個人都會被要求更多——認識這項現實可以幫助你做自我調適，讓個人與專業之間的條件交換處於最佳狀況。

問題七：績效不良

本書中，我們不斷地強調，為了在組織內創造高度當責，意見回饋扮演著何等吃重的角色。然而，我們卻很少看到幾個組織真的建立了意見自由交流的環境，這真是令我們很難理解。很顯然在這種情況下，你無法期待高明地面對不良績效，或是有效教練部屬有更好的績效表現。無法面對不良績效的結果，如同失去理智般的組織會在員工之間滋長出一種被害的感覺，這些人表現不佳卻不自知，因此不會進行改善，那些因為別人績效不良而必須收拾善後的人也會覺得委屈。不良績效導致不良成果，而成果不善，就會使得整個組織淪入水平線下。

我們向最高主管、經理人與基層主管提出這項問題時，他們總會列舉若干沒能處理績效問題的理由——害怕人們因為績效不佳而遭解雇時會告上法院，不願傷害人們的感覺，很難建立一種公平而有效的檢討流程，對那些浪費時間的文件往返退避三舍，以及對風險的普遍性恐懼感，總覺得面對不良績效就可能會有風險。另還有人認為同仁的忠誠是至高無上的文化密碼——這是對這項黃金律（愛人者人恆愛之）的扭曲應用。

還有人指出，缺乏足夠的訓練，無法處理這類狀況，尤其是厭惡對立的人。少數組織表示，他們擁有足夠的資源，可以容忍這些缺乏績效的人，他們的行為反正無益也無害。但是即使是這些公司，到最後還是要付出代價。

大家都聽過某人在遭到公司開除之後心靈受創，但是經過幾個月椎心刺骨的求職過程之後，找到另一個更適合他的工作。

這樣的例子發生在一個年輕的企管碩士（MBA）身上，且稱他為泰德（化名）。

【案例】真心話大冒險：有話直說的兩難

泰德很有衝勁，將他的目光集中在一個行銷經理的職位，他希望在很短的時間內得到這個職位。他熱心接受每一個計畫，日夜工作、周末加班，希望表現得比前人更快更好。

為了讓事情迅速完成，泰德在同仁身上施加壓力，成效似乎不錯，但是和同事多有摩擦。尤其是，他將他的計畫小組和組織內的其他部門隔離，不理會他們的要求與需要，就為了達到他那進展快速的目標。泰德的計畫得到公司的讚美，因為它們都可以及時完成，同時不超出預算，泰德取得成果的能力也是人盡皆知，而終於成為該公司有史以來最優秀的行銷計畫主持人。

然而，在這一片榮耀的背後，泰德的上司和幾位其他高階主管開始深深憂慮泰德真正的能力。他待人不夠圓融，破壞的人際關係到頭來可能就會減損他的績效，但是，他們不想直接找上泰德面對這個問題，而決定要用比較痛苦的方式，讓泰德自己學到教訓（況且，一陣騷動可能會讓他交出來的成果打了折扣）。

他們不想因為直接說明泰德的領導風格，以免為了引導他改變而讓雙方不快。他們決定讓他自由發揮，希望他能夠完全體認到自己的方法有誤。

然而，泰德的行為隨著時間過去而變得更惡劣，因為他繼續在燒毀他身後的橋梁，只想迫切取得績效。最後，該部門的經理開始接觸泰德的上司，要求她針對泰德待人不夠圓融而採取行動。

最後，泰德的上司明確告訴他問題所在，泰德暴跳如雷：「我以為這裡最重要的事情就是成果！」現在，他覺得公司背叛他。

「你為什麼不早點說？」泰德問。

結果，這個意見來得太晚，因為泰德的結論是，他在這個組織裡是永遠不可能快樂了。他終於離職，不過，所幸他在下一個工作裡對自己的所作所為保持警覺；短短幾年，他便塑造了良好的聲望，他不僅可以得到成果，還深受同伴的敬重。泰德終於贏了。但是，他原來的組織損失了他們在泰德身上所做的一切投資，他所學得的一切與經驗。早先他們如果能夠妥當而及時地處理那些績效問題，節省下來的並不只是金錢而已。

我們堅信身為主管，就必須學會如何以精確、有建設性而給予支援的方式，面對績效不良的問題。迎面解決這個普遍性的問題，你就可以比較有信心地走到水平線上，改善成果，同時還能讓大家覺得快樂一點。當你看到績效不佳的問題，簡單的做法就是坦然面對，虛心接受有建設性的意見回饋，同時必須培養出這種組織文化，鼓勵別人也有相同的行為。假如你會假裝問題並不存在，或等著看它能否自行解決，那麼現在最好就別再這麼做了。養成習慣，每天都要面對績效問題。不要讓問題累積，讓它從一任的經理人傳到下一任。

問題八：資深主管成長停滯

誰敢坦白地告訴國王，其實他一絲不掛，而不是穿著新衣？

有許多我們所知的執行長和資深經理人，都覺得自己所處的地位高處不勝寒，大多數人也都同意，關於他們的效能、風格或對組織所造成的影響，他們所聽到的意見太少。然而，如果資深經理人以為自己無法讓意見回饋更流暢，那麼，他們就是在水平線下運作的。

我們聽過各種組織中的執行長說：「無論我如何要求員工給我意見，就是無法讓他們鼓足勇氣對我直言。」

由於員工也都傾向於在水平線下運作，他們相信向資深經理人說實話，簡直就是自殺行為。因此，資深經理人必須先踏出第一步，敞開心胸，接受批評。如果在這種艱難的時期還學不會這點，就可能會失去自己努力工作想要達成的一切。

這種事情已經二度發生在賈伯斯（Steven Jobs）身上。如《華爾街日報》的報導：

「他的次世代電腦公司（NeXT Inc.）已經不再製造電腦。一九九三年三月，總裁和財務長雙雙離職。然後，幾家大型電腦廠商（其中有些是賈伯斯希望會使用蘋果軟體的公司），組成了一個軟體聯盟，卻將次世代電腦公司排除在外。」

就像蘋果電腦的命運，他創立的這家公司終於輸給了約翰·史卡利（John Sculley），賈伯斯的剛愎自用，有可能會毀掉他所有東山再起的機會。

「例如，他和IBM進行一項合作計畫時，堅持必須自己一手操控，以致注定了一項一九八九年的協議對他不利，而這項協議原本應該要能夠讓藍色巨人支持次世代的軟體的。第二年建言者不停地警告，次世代無法在硬體上與人競爭，應該改為軟體公司，但是他卻損失了可貴的時間，因為他對這些建言聽而不聞。」

賈伯斯始終無法接受忠言逆耳，結果，「造成他從高處滑落。」

根據同一篇文章：「賈伯斯的次世代公司似乎注定要成為高科技博物館的珍貴館藏，他自己則是還拚命想要顯示他在電腦界還很有份量。」

根據《電腦期刊》（*Computer Letter*）的理察．謝佛（Richard Shaffer）的說法：「大家都不再注意賈伯斯，真是淒涼。」

不過，故事並非到此為止。亞倫．多伊奇曼（Alan Deutschman）在他的書《創意魔王賈伯斯》（*The Second Coming of Steven Jobs*）中，為賈伯斯平反。《華爾街日報》則提前宣告賈伯斯的死刑。

但是，二年後，賈伯斯「意氣風發地東山再起，而且比以前更是富可敵國。」他學會如何接受批評，並且從中成長。

「那驚人的救贖來得很意外——結果他買了另一家公司皮克斯動畫工作室（Pixar Animation Studios），該公司已經悄悄努力長達十年之久。在一九九五年十一月，皮克斯才推出第一部電腦動畫長片《玩具總動員》（*Toy Story*）。」

他在該公司所握有的籌碼價值超過十億美元。一年之後他重回蘋果電腦。然後，「在一九九七年夏天，他接任該公司的臨時執行長，意外成為該公司的救星。他將該公司的股價從每股十三美元推升到一百一十八美元。」

賈伯斯的經驗，應該可以讓每一個人相信直言不諱、有話直說的價值，尤其是那些位居要職的人。

員工和高階主管都必須接受一個事實，即意見回饋可以創造當責。管理高層的每一個動作，都會影響到組織，而每一個高階經理人也都是人，也都有優缺點。除非高階經理人成長，否則沒有一家公司能夠成長。即使執行長也不能免疫；他或她都必須有所長進。如果他們不求進步，組織不是搖搖欲墜，就是成長速度超過他們本身。最出色的高階經理人不僅會尋求改善自己表現的方法，還會鼓勵那些身邊的人坦誠以對，無論事實多麼殘酷。

大多數領導者都要人員給他們意見，如同以下的例子。

【案例】勇於發聲、有話直說

先進心血管系統公司（Advanced Cardiovascular Systems，ACS）的總裁兼執行長金潔．葛蘭（Ginger Graham）在一開始擔任公司總裁時，就針對自己和公司未來的成長，尋求組織內所有階層人員坦率的意見。

一開始，人們不大敢在面對一位新任的執行長時，坦白提出自己的意見，因為它可能會帶來一些危險，現在卻都熱切地接受了這種風險。葛蘭以她自己的方式，追蹤所有的意見回饋，讓大家知道她很珍惜這些意見，同時明確描述她將如何運用這些建言，來改善她自己和ACS。而且，她確實如此。

葛蘭在《哈佛商業評論》上寫了一篇文章，名為〈想要誠實，就得破壞一些規則〉（*If You Want Honesty, Break Some of the Rules*）。她在這篇文章裡，描述我們為她設計的意見回饋流程如何帶著她的團隊前進。

團隊裡的每一位成員都會坐在高腳椅上，針對他們的表現，接受肯定或有建設性的意見。坐在那張熱椅子上的人，只能安靜聆聽。

葛蘭回憶：「高腳椅的做法聽起來很殘忍，事實正好相反。那也許是我見過的，建立彼此當責與坦誠溝通的最佳工具……當我坐在那張椅子上，我會發現我的經理人如此關心我，希望我成功。」葛蘭可以得到意見回饋，因為她願意當責，聽取意見，也願意提供意見。

我們敦促執行長要為求取意見當責，讓員工知道他們希望大家有話直說，同時很重視這些看法。有人提出「尖銳的」意見時，你如果公開表示感謝，其他人也都會起而效尤。至於員工自己，則是必須克服對危險的恐懼感，讓高階主管聽到他們真正想聽的話。

問題九：跨部門糾紛

行銷與製造部門作對、製造與研發部門彼此看不順眼、研發與業務部門互相叫罵、業務部門討厭全世界——聽起來很熟悉嗎？我們走到那裡都可以聽到——跨部門糾紛。

事實上，這些戰役已經成為組織生活的一種傳統，即使它們代表著今日商場上最短視的水平線下問題。為何企業不能提升到水平線上，而終於認清現實，改寫一句漫畫人物波果（Pogo，由美國漫畫家華特．凱利〔Walter Crawford Kelly, Jr.〕所創作）曾說的話：「我們遇見敵人，而敵人竟然不是我們自己？」（編按：原文為「我們遇見敵人，而敵人竟然是我們自己。」〔We have met the enemy and he is us.〕）

有一家我們協助的組織由於研發部門和行銷部門不和，而使得哈特菲（Hatfields）與麥考（McCoys）看起來像是小氣鬼。每一位戰士工作起來都彷彿對方是他們的仇敵。二位副總可以說是彼此憎恨，公開談論對方的風格與能力是如何令自己感到不屑。結果，這家曾經在產品革新方面執業界鰲首的公司，在一整年的時間內沒有任何突破性的產品。

更有甚者，上了市的產品都超出預算，誤了時程。我們可以清楚看到整個組織的未來端賴這二個部門走到水平線上，將這種怪罪的遊戲從此踩上緊急剎車。它花了一整年的時間，積極運用奧茲法則，結果（在一陣強大的壓力與緊張之後），全新的合作關係與革命情感回籠。

「我們真是瘋了，」有位副總事後告訴我們。「我們都在同一艘船上，卻盡全力要讓對方沉船。我們還是會有所爭論，不過，至少現在我們已經是朝著同一個方向划去。」

在成千上萬的組織裡，這樣的場景在每一個工作天的每一分鐘裡重複上演著。然而，要解除這種跨職務的紛爭，其實你比想像的容易得多。你只需要重複提醒大家，你們組織真正的敵人不是走廊那頭的喬或莎莉，而是你錯誤地假定喬或莎莉不屬於你的團隊。

水平線上的領導者必須讓組織內不同部門或職務的人們認清真相，市場不會原諒跨部門糾紛所造成的傷害。員工必須先假定彼此都是無辜的，同時要給予對方意見回饋，好做出合宜而必要的績效改善。他們必須走出自己職務的「地窖」，基於有建設性的「取」與「予」的態度，在不同部門之間，創造一種合作的氛圍，為公司整體的最大利益前進。如波果或許會說的：「我們也許會遇見敵人，而敵人就是我們彼此的分歧。」

【案例】彼此設身處地為對方著想

還記得艾力斯醫療系統公司和他們不可思議的翻身的故事嗎？

它有一張長長的九千個未出貨的儀器表單，還有五千個零件訂單，拋棄式用品的交貨率低於85%，這一切全都是在營業額降低的情況之下發生。結果他們扭轉了績效不佳的情況，消除延期交貨，大幅改善產品品質，維持二十四小時交貨率為99.8%，這一切都是一系列跨部門的意見回饋會議帶來的結果，包括營運、業務、服客關懷、品質與服務等等，在會議上，個人面對團體，說出一些大多數人不想聽到的壞消息。這些會議幫助每一個人正視現實，建立更堅強的合作關係。

莎莉・葛麗格瑞芙（Sally Grigoriev）是艾力斯的副總裁，她說：「這個會議就等於是雙向的『設身處地』為對方著想！」

過去在營運和顧客服務之間的敵對態度消失了。莎莉形容：「現在每當有問題出現，人們就會開始打電話。以前他們不會打電話，因為彼此不認識。開會之後，我們會找顧客服務部門的人去參觀工廠，這是他們以前沒做過的事。現在他們了解了這個流程，對事情的運作情況有感覺，能把名字和臉孔連在一起。」組織開始逐日測量訂單交貨的狀況，全組織的每個人，每天都會透過電子郵件接收到這項測量的結果。這項測量會顯示出過去二十四小時的績效，大家都可以看見。過去每天都有無數的延期交貨情形，卻沒有人注意到。

自從坦誠開放的跨部門會議開始之後，一個延期交貨就會讓大家忙著去找出所有不同部門之間的問題解決方案。

這時，莎莉說：「這是你看過最驚人的轉變。」

當人們跨越部門專業與喜好的阻礙，為共同的利益校準，強大的力量便會產生，這些力量可能大幅影響到績效。每一個領導者和團隊都應該要走到水平線上，捕捉這些利益。

問題十：醉心各種管理計畫

美國企業得了一種病，我們稱之為計畫病（programitis）。它的症狀包括每一個新的計畫或是迎面而來的風潮。將最近二十年來的管理風潮全列出來的話，看起來就像是曼哈頓地區的電話簿。縮減之後的表單，或許就包含了如下名目：策略企畫、完全品質管理、及時製造、突破革新、完全顧客滿意、學習組織、核心能力、企業改造、零基預算、水平式組織、自我管理、團隊驅動領導、謙卑領導，以及破壞式創意。

《史隆管理評論》（*Sloan Management Review*）中，有一篇經典文章名為〈顧問：解決方案也成為問題本身嗎？〉（*Consulting: Has the Solution Become Part of the Problem?*），作者夏匹羅（Eileen C. Shapiro）、伊寇斯（Robert G. Eccles）及沙斯克（Trina L. Soske）在文中寫道：

過去二十年來，管理計畫如同衝浪風潮——從最新的萬靈丹從浪頭滑過，衝出之後，再及時趕上後浪的浪頭，儼然已經成為另一個新行業……。每一個概念都是一套包裝完善的工具，其中有許多都是新瓶裝舊酒、再度包裝、重出江湖，成為競爭力的解藥。

過去幾年來，我們看了許多風潮來了又去，留下來的只是它們帶出的一點漣漪。

例如，AT & T在一家擁有六千六百名員工廠區裡，裁員一千人，該廠曾在一九九二年贏得製造業的最高榮譽——巴德里治獎（Malcolm Baldrige National Quality Award）。

該廠製造了傳訊系統的設備，其中包括電話與有線電視所使用的硬體，如今卻因為業務與技術進展太慢而遭到懲罰。華勒斯公司（Wallace Company）在一九九〇年也贏得同一個獎項，卻在不過二年之後宣告破產！無論你如何看待這個狀況，顯然單靠這種完全品質管理，無法避免一千個人失去工作，讓一個工廠的業務不致下滑，也無法處理技術進展較為人性化的一面。

回到美國企業在模仿日本的日子，《華爾街日報》報導：

「有些美國公司花下他們在一九八〇年代賺來的數十億銀子，投資在日本人的生產概念。他們還沒判定這些日本制度行不通。只不過他們明白，其中有些制度在日本雖提高了生產力，對自己的工廠助益卻很有限。」

因此，如果日本風潮對美國製造商沒有持續的價值，接下來，我們又該怎麼辦？《華爾街日報》該文繼續說道：

美國輝門公司（Federal-Mogul Corp.）決定自己的自動化已經做得過火，於是將一個自動零件廠的許多豪華設備移除。而通用公司目前比較倚重「人力」。惠而浦公司對日本式的「品質圈」已經感到反胃，不再用它來做為求取員工意見的方法。奇異公司與康寧公司也都轉向其他方式，去尋求員工的意見。日本式的「及時」制度可以用來減少庫存，只有在需要的時候才向供應商購買零件，但是這個制度在某些美國公司之間也已失寵。

在電腦業裡，一切都是以閃電般的速度在改變，最近的風潮是縮編（downsizing）。威廉・沙克曼（William Zachman）是一位專欄作家，同時也是工業觀察家，他是首度使用精減規模一詞的人，根據他在《華爾街日報》的另一篇文章裡的說法：

人們已經沉迷於這個概念之中，就像人類剛聽到有電的時候，把手指放到電燈的插座裡檢查看看。這已經變成一種沒有腦袋的風潮。

即使是管理技術經驗老道的公司也會製造愚蠢的錯誤，追求精減規模與適度規模的風潮，結果造成的困擾多於成果。在我們看來，任何一些管理哲學和技術都可以，也會產生結果，但是有太多的組織認為，只有最新的思潮最厲害，而事實上，唯有組織內的每一個成員都能夠當責，才能夠帶來成果。

我們堅信，組織不能再一個接一個的使用各種花招，而要開始注意一個基本事實，只要你走到水平線上，用點腦袋，大多數概念都會產生效果。你需要有採取行動的勇氣，維持一顆堅強的心，將目光放在主要的目標上，無論那是「回到堪薩斯城」，是讓產品更快上市，或是符合顧客的真正需要。那麼你得到的成果將會讓你非常滿意。

在水平線上收割

我們在結束這趟旅程之前，要讓你看到最後的一些客戶的例子，他們因為走到水平線上，並且停留在那裡而大有斬獲。

【案例】世道差、天氣糟、景氣壞——不再接受這些藉口

美國數一數二的健身器材製造商Precor在全球建立了極佳的商譽，他們的健身器材無論在品質或顧客服務上的表現都是創新卓越的。他們向來在事業上做得很成功，但是從來不會滿足於停留在他們原來的位置。他們會不斷努力更上一層樓，將自己的整體文化轉變成當責文化，並且更將注意力集中在改革、成果與產品的開發，而取得更佳成果。

Precor在二〇〇三年的全員啟動會議（All-Employee Kick-Off）上，總裁保羅．伯恩（Paul J. Byrne）說：

「這世界一團混亂，經濟牛步進展，天氣不好（該公司在西雅圖）。但是我們不再接受這些老藉口了。」

他們為了轉變文化，將當責注入每一個人心中，於是集中力量，一同努力了十五個月，於是業務營運改善了，Precor紀錄了他們有史以來最佳的一年：營業額增加13%，利潤增加了66%，也大量增加了服務方式。

這些績效上的改善，並不是因為該公司正在走下坡。相反地，之所以會有改善，是因為一個高效益的組織明白，嚴格應用奧茲法則，總是可以成就更多。

【案例】站起來、走出去，讓它成真！

總部位於美國印第安納州印第安那波利市（Indianapolis）的禮來公司（Eli Lilly & Company），由於大眾對他們的印象不佳而頗感困擾。因為，人們向來認為該公司並不支持自己家鄉的少數族裔擁有的企業。

多年來，該公司經理人總是說：

「我們已經設法爭取少數族裔的生意，我們有提案，我們在這裡等著文件的往返，也向來願意也很樂意和任何來爭取這件工作的企業合作。」

然後，該公司在這個問題上，決定要努力走到水平線上，不再等待事情自動送上門來，而是要走出門去讓它成真。

禮來公司的資金計畫工程小組和一家長期的供應商一同企畫，設法幫助少數族裔創立一家公司。他們的結論是，初創的公司如果不只為禮來工作，也為其他公司工作，便能夠迅速成長成一家全面性的公司。

雅各布工程公司（Jacobs Engineering）的執行長全力支援禮來的資金計畫工程師，表示他們會提供工作流程與種種程序，協助在印第安納波利斯市召集需要的投資人，以便成立這家公司。

就禮來而言，它表示願意在十五天之內付款給這家新公司，而不是面對一般供應商時的三十五天付款。在很短的時間之內，他們募齊了需要投資者，創立了一家少數族裔擁有的工程公司。第一年，這家公司在印第安納波利斯的工程服務費就超過三百五十萬美元。

再一次，我們看見一家高績效表現的組織因為較佳當責而獲益，他們超越預期，交出了意料之外的成果。在水平線上運作會開啟一扇門，讓美事成真，那是在水平線下絕對做不到的。

【案例】落入水平線下？還是走到水平線上？

最後一個例子是關於美源伯根醫療公司（AmerisourceBergen），該公司專門批發醫療藥品與保健器材及服務。不久之前，該公司面對一個商場上並不少見的狀況——他們損失了一個國內的大客戶。組織內的人都在一個兩難的困境中掙扎，那是這本書的讀者幾乎天天會碰到的：你要落入水平線下，設法忽視、否認、怪罪與指責；或是，你要走到水平線上，認清現實，儘管遇到挫折，還是設法取得成果？

美源伯根公司的管理團隊以一種做主與當責的感覺讓公司振作起來，在組織內激起了解決問題的心態。每一個階層的人，無論自己的職務距離業務工作看起來有多麼遙遠，都開始在問他們能做些什麼來保證得到成果。具備這種心態之後，有些人想到刪減成本，其他人則是設法增加營業額。

令人敬佩的是，該公司在他們真正失去這個業務之前，就開始得到新的業務來補充他們以為即將失去的生意。他們把重點放在「我們還能做什麼？」結果他們在失去那預期的客戶之前三個月，就增加了六十七個新的客戶，填補了大約70%的預期損失。

當責始於清楚定義的成果，人們致力於水平線上的運作，領導者則是義無反顧地強化這種文化。

這三則故事反映的是不同的成果與環境，它們的精神卻是一樣的：能夠當責的人共同合作，就幾乎無所不能。

無止境的旅程

本書到此告一段落。

膽小獅得到「正視現實」的勇氣、錫樵夫有了「承擔責任」之心（熱情）、稻草人獲得「解決問題」的腦（智慧）、桃樂絲擁有採取行動「著手完成」的力量而安全回到安姑媽（Auntie Em）身邊。同時，如果我們在這些書頁裡完成了我們的使命，你也應該走到通往當責的路上，將奧茲法則應用到你的生活與工作中的每一個層面。

切記，唯有當你為自己的思想、感情、行動與成果當責，你才能夠做自己命運的主人；否則，就會有別人或別的事情來宰制你。

最後一提，《綠野仙蹤》有許多續集，其中有一本的出版商戴爾雷出版社（Del Rey Books）寫了如下訊息給讀者：

當我們和一些尚未與這些書一同成長的人們提到奧茲國時，他們會點點頭。

提到茱蒂．嘉蘭（Judy Garland，一九三九年《綠野仙蹤》電影中飾演女主角桃樂絲的女演員），以為他們對奧茲國瞭若指掌。他們真是錯得離譜！

我們在為本書寫下「劇終」時，也想回應同樣的感受。奧茲國有太多值得學習的地方。享受這一生一世的旅程。

一切從此開始……

謝詞

成千上萬的讀者發現本書對他們的生活與組織都有所助益，我們對這些人的感激無以名狀。

我們深深感謝所有熱情的讀者，這些年來，他們讓這本書廣為流傳。我們還要對《綠野仙蹤》（*The Wizard of Oz*）的作者、已故作家法蘭克・包姆（L. Frank Baum）致上謝忱，他是如此生動將個人當責的精神融入這趟旅程之中。

魔法師奧茲（The Great Oz）的隱喻是個有用的工具，幫助世上許多國家的人們了解更強的責任感有何益處。

談到這裡，我們也要感謝派特・史納爾（Pat Snell），她給了我們突破性的建議，讓我們使用桃樂絲和她的友伴呈現這趟艱辛的旅程，那是在我們輕叩鞋跟，取得我們想要的成果之前，都必須走過的一趟路。

我們還要感謝世界各地所有和我們合作過的組織中的所有人，他們幫助我們更深入了解這項有助成功的重要法則。這些影響包括我們父母親的身教，有時是客戶在某項晤談之中，曾提出的一些擲地有聲的問題，同事給我們的一些指教，有時我們透過信仰而學得一些真理，甚至在組織中，為了創造更強的責任感而取得某些經驗。

過去二十年我們和客戶共事的經驗，使我們更加了解奧茲法則可以如何應用在所有型態和規模的企業之中。我們尤其要感謝的是麥克・伊歌（Michael Eagle）、戴夫・史拉特貝克（Dave Schlotterbeck）、傑・葛拉弗（Jay Graf）、迪克・諾奎斯特（Dick Nordquest）、金潔・葛蘭（Ginger Graham）以及喬・卡農（Joe Cannon）。這些人，幫助我們更加了解何謂站在水平線上（Above The Line）。

我們還要謝謝我們的合作夥伴及經紀人麥可・史納爾（Michael Snell），感謝他經過深思的建議、編輯的專業能力，以及在整個過程中給我們的鼓勵。他也是站在水平線上的最佳典範，總是協助整個團隊取得更佳的成果。

有許多人幫我們看過這本書舊版《勇於負責》和新版《當責，從停止抱怨開始》，提供我們很多寶貴的意見，我們也要在此致上謝忱，包括：奧德麗・品海羅（Aubree Pinheiro）、布雷德・史塔爾（Brad Starr）、約翰・葛洛夫（John Grover）、艾德莉安・希格曼（Adrienne Sigman）、崔西・史考森（Tracy Skousen）以及領導夥伴（Partners In Leadership）的團隊。

我們還要感謝克利斯・可羅（Chris Crall）、約翰・芬克（John Fink）、麥可・郭茲博士（Dr. Michael Geurts）、湯姆・卡斯柏（Tom Kasper）、藍・瓊斯（Ran Jones）、戴夫・普里勒（Dave Pliler）、羅伯・史蓋格（Robert Skaggs）以及普蘭提斯出版公司（Prentice Hall）的湯姆・鮑爾（Tom Power）。

我們還要感謝我們的父親們，他們為我們的作品一絲不苟地反覆檢視，他們是：克雷格·康納斯（Craig Connors）、佛列德·史密斯（Fred Smith）以及溫斯頓·希克曼（Winston Hickman）。

這些人不斷給我們珍貴的想法，為我們鼓勵，始終熱衷於我們的計畫，我們要致上深深的謝意。

我們要謝謝我們的編輯亞德里安·賽克罕（Adrian Zackheim），他始終給我們堅強的鼓勵與支持，無論是針對本書的成功，或是我們其他的書和出版計畫。

最重要的是，我們要感謝來自格文（Gwen）、貝琪（Becky）與羅拉（Laura）的許多助益良多的意見，坦誠的回應，以及從不止息的鼓勵。我們要謝謝妳們，沒有妳們的支持與參與，這部作品無法再度成形。

各界讚譽

在有關職場當責的書籍中，本書無疑穩居龍頭寶座，書中的種種建言不僅實用，且已經過前線的測試，成千上萬的人從中了解個人與組織當責對公司何等重要——以及應當如何做到當責。任何有心取得成果的人，都必須讀一讀這本名列《紐約時報》的暢銷書。

「我發現在本書中，有許多概念是每一個員工都可以接納的——當責、承擔責任、員工參與、徹底追蹤、有效執行。徹底應用這些概念，就可以直接轉譯成利潤。我建議所有的人，只要有心建立一支贏的團隊，想要求得成果，都應該來讀這本書，無論位居組織中的哪一個階層。」

—— David Schlotterbeck（董事長兼執行長）

Carefusion

「本書是一本不可思議的書，它比當代的任何一本書都能夠做為取得成果的價值典範。我買這本書給所有的操作員、包商和公司團隊成員，要求他們接納書中的當責觀點。」

—— Julia Stewart（總經理暨執行長）

IHOP Corporation

「本書在今日企業之中，依然占有重要的地位。我們第一次看到這些概念至今，已經十年有餘，但是這些法則歷經時間的考驗，依然適用所有的階層。它已經成為我們的一部分。」

—— Jay Graf（董事長）

Guidant Corporation

「多年來，領導者都在努力尋找一個清晰的模型，以便促使文化上的改變，讓他們的員工產生力量，將他們的努力轉變成利潤成果。本書提供的正是一個這樣的模型。對於任何想要擁抱真正領導價值的人而言，這都是一本必讀的書。」

—— Mike Coleman（總經理）

美國鋁業公司（Alcoa, Inc.）

「雨果（Victor Hugo）曾說：『這世上有一件事強過所有的軍隊，那就是一個成熟的思想。』我相信本書的思想將會轉化整個美國，讓我們為未來做好準備。」

—— Michael Eagle（全球製造部副總裁）

禮來製藥公司（Eli Lilly and Company）

「本書的奧茲法則是一個經過深思熟慮的方法，可以直接了解『當責』這個複雜的主題。這本書舖陳出建立更高當責的方法，以強化每一個組織主動精神所造成的影響。我的經驗是，執行本書書中的概念，可以增進個人與公司的成果。」

—— Ed Vanyo（罐裝運作部總經理）

雀巢普瑞納寵物護理公司（Nestlé Purina）

「多年來，我們嘗試在我們的全球製造集團做出一些根本改變。最後我們終於將本書書中定義的當責流程概念內化到公司裡。我們終於轉向我們想要的方向，經過多年嘗試，現在我們達成了我們想要的進步。」

—— Bill Smith（全球製造部副總裁）

禮來製藥公司

「本書激勵了我們每一個階層的同仁，他們用一個簡明易懂的方法，在我們的整個組織裡創造當責。簡言之，本書幫助我們更容易『做到我們曾說的自己想做的事』，對成果的影響相當大！」

—— Michael E. Woods（資深副總裁）

以及Eric Houseman（營運副總裁）

Red Robin Gourmet Burgers

「本書簡明易懂，內容實用。要傳達的訊息直截了當，卻是經常受到忽略的……要讓事情成功，我們負有完全的責任。人們對它的接受度很高。」

—— David Grimes（業務部副總裁）

AT&T

「本書所介紹的概念很實用，都是我們日常生活中的一切。作者筆意流暢，簡易的文字有如面對面的討論。理論不多，舉例卻很豐富，同時提出的都是立即可用的方法。我們在整個工廠裡應用，充分授權給員工，以達成所有我們需要的目標。這些概念確實是一種驅動工具，彌補了管理階層和生產線上的工人之間的鴻溝。」

—— Vincente Trellis（外科副總裁）

愛力根藥品公司（Allergan）

「我們的成就全賴過去幾年來，我們所發展的文化。我們最新的文化語言，就是來自本書的「水平線上，水平線下」。奧茲法則當責訓練（The Oz Priniple Accountability Training）讓我們的公司更團結，讓我們將注意力集中在目標成果上。」

—— Richard Methany（人力資源部主任）

Friday's Hospitality Worldwide

「它會幫助你接受任何新的想法，有助於解決問題，讓你更有能力獲致成功……。本書從一開始便切中要點，並給了這項法則許多輔助資源。它開門見山地介紹一項整體性的概念，然後在每一章的文字裡，都讓你更加了解這項概念……在我們的客戶公司重整之後，一月份是我們最艱困的時刻（在業界是典型的人才招募較少的月份）。我們要求每一個人提出一項「當責計畫」，接著我們所雇用的新進人員超出原先預期的百分之二十——這是在我們組織內實施奧茲法則的最直接成果。」

—— Mark Wortley（總裁）

Beverly Care Alliance

「本書幫助你釋放潛力，讓你用不同的方式思考你的私人與職場生活。書中使用的語言很容易讓人接受，引用的故事和法則也可以輕鬆獲得認同。如果你可以全心接納The Oz Principle，確實應用其中的重點，你就會改變自己的行為，更能夠成功達成你想要的成果。」

—— Kelli Fitten（人力資源部副總裁）

Brinker International，On the Border Cafes Division

「The Oz Principle顯示如何創造一種急迫感，為改變當責，其中釋放出來的力量，是唯有當每一個階層的每一個員工都能夠善盡自己的職責，有機會參與創造解決的方案時，才會發生的事。」

—— Ginger Graham（總經理暨執行長）

Amylin Pharmaceuticals, Inc.

「本書使用的文字簡潔有力。書中的法則經過時間的考驗，一旦執行，就會產生立即的影響。我們從這本書中學到的課題都是可以普世應用的。」

—— Chuck Rink（營運長）

El Torito Restaurants

「我們開始了這趟旅程，將本書應用到我們的組織裡，從我們給予或接受別人意見的方式，到我們如何進行每周的員工會議，到最基本的績效管理。本書提供強而有力的概念，以及一種共通的語言，我們每天都必須依靠它，而且必須提醒彼此，我們不能沉淪到『水平線下』，以藉口取代成果。」

—— Fred Wolfe（總裁兼執行長）

El Torito Acapulco Restaurants

「它對我的事業和私人生活造成了不可抹滅的影響。本書幫助我和別人互動，幫助我面對自己，無論在專業或私人的領域裡。」

—— Dennis Antinori（公司會計／業務營運資深副總裁）

Guidant Corporation

「一整年裡，我們努力想要讓店裡的業務有所成長或毫無所獲。然而在應用過奧茲法則當責訓練之後，店裡的業務量上升，而且上升的趨勢維持了此後的十一個星期。全年之中有無數的障礙出現，但我們的團隊依舊維持在水平線上，也輕鬆達成了我們的年度預算。」

—— Kennth White（總經理）

Smith's Food and Drug

「感染力強且充滿洞見的一本書，它揭開並檢視了個人與企業成功的精髓。」

—— Joseph A. Cannon（董事長兼執行長）

日內瓦鋼鐵公司（Geneva Steel）

「用一條黃磚道，簡單摧毀陳腐的『我是被害者』的藉口。清明的評估與目標明確的計畫，用來恢復當責力，取得個人成功，並復原組織的生命力。」

—— Paul R. Trimm博士（組織領導與策略教授）

楊百翰大學（Brigham Young University）

「我們的企業過去一直都很成功，但是我們並不願意停留在原來的位置。為了前進到下一個層次，我們必須更注重成果；本書是達成這個目標的里程碑。」

—— Paul J. Byrne（總經理）

Precor, Inc.

「本書巧妙地捕捉了克服困境求取成功的祕密。它充滿了實際的洞見，都是個人與組織取得成效的基本要件。該書闡釋一個歷久不衰的法則，它的壽命將遠遠長過許多人們以為神奇卻終將隨著時間消逝的管理時尚。任何厭煩魔法，卻急著想要求取成效的人，我推薦這本書給你。」

——堪薩斯城的桃樂絲・布朗寧（Dorothy Browning of Kansas）

索引

◎當責祕技索引

◎圖表索引

譯名對照

・按：依照筆畫順序由少至多排列

◎專有名詞

反抗兒　rebellious child

水平線上　Above the Line

水平線下　Below the Line

功能不彰遊戲　dysfunction game

左旋色胺酸　L-tryptophan

正視現實　See It

共依存關係成癮　codependency

自然兒　natural child

怪罪比賽　Blame Game

承擔責任　Own It

物主感　ownership

非處方藥（開架成藥）　OTC，over-the-counter

計畫病　programitis

啟動語言　trigger words

著手完成　Do It

順從兒　compliant child

奧茲法則　The Oz Principle

當責　Accountability

當責文化　Culture of Accountability

當責步驟　Steps to Accountability

解決問題　Solve It

過度完美主義　creeping elegance

◎書名、雜誌名

《史隆管理評論》 *Sloan Management Review*

《波士頓環球日報》 *The Boston Globe*

《哈佛商業評論》 *Harvard Business Review*

《洛杉磯時報》 *Los Angeles Times*

《韋氏字典》 *Merriam-Webster Dictionary*

《倫敦泰晤士報》 *The London Times*

《時代》雜誌 *Time*

《紐約時報》 *New York Times*

《財星》 *Fortune*

《從A到A+》 *Good to Great*

《華盛頓郵報》 *Washington Post*

《華爾街日報》 *The Wall Street Journal*

《綠野仙蹤》 *The Wizard of Oz*

《與成功有約》 *The Seven Habits of Highly Effective People*

《領導的藝術》 *Leadership Is an Art*

《誰說大象不會跳舞？》 *Who Says Elephants Can't Dance*

◎人名

法蘭克・包姆　L. Frank Baum

史帝芬・柯維　Stephen R. Covey

葛洛夫　Andrew S. Grove

羅傑・康納斯　Roger Connors

湯瑪斯・史密斯　Thomas Smith

克雷格・希克曼　Craig Hickman

傑克・威爾許　Jack Welch

瑞姆・夏藍　Ram Charan

傑瑞・烏西姆　Jerry Useem

彼得・杜拉克　Peter Drucker

茱蒂・嘉蘭　Judy Garland

戈登・摩爾　Gordon Moore

約翰・錢伯斯　John Chambers

傑佛瑞・史基林　Jeffrey Skilling

麥克斯・帝普雷　Max De Pree

亞伯・華格納　Abe Wagner

戴明　W. Edwards Deming

國家圖書館出版品預行編目資料

當責，從停止抱怨開始：克服被害者心態，才能交出成果、達成目標！／羅傑・康納斯（Roger Connors）、湯瑪斯・史密斯（Thomas Smith）、克雷格・希克曼（Craig Hickman）著；江麗美譯. -- 初版. -- 臺北市：經濟新潮社出版：家庭傳媒城邦分公司發行, 2013.06

面；　公分. --（經營管理；107）

譯自：The Oz principle: getting results through individual and organizational accountability

ISBN 978-986-6031-34-2（平裝）

1. 企業管理　2. 職場成功法

494　　102009640